入門 電気・電子工学シリーズ

第巻

入門
計算機システム

伊藤秀男

倉田 是

著

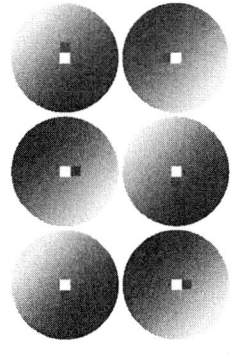

朝倉書店

入門 電気・電子工学シリーズ 編集委員

加 川 幸 雄　岡山大学教授
江 端 正 直　熊本大学教授
山 口 正 恆　千葉大学教授

『入門 電気・電子工学シリーズ』
刊行にあたって

　朝倉書店からは，大学，短大，高専学生のための電気電子情報基礎シリーズ(18巻)がすでに刊行され，テキスト，参考書として多くの学生諸君に利用されてきた．また，朝倉電気電子工学講座(21巻)，電気電子情報工学基礎講座(33巻)も好評を博している．したがって本シリーズの刊行が，屋上屋を架すきらいがないとしない．しかし，電気電子情報工学基礎シリーズは刊行からすでに20年が経ち，学生諸君をとり巻く環境も変わってきている．すなわち多くの大学では，いわゆるセメスター制に移行して，1つの科目，講義に割り当てられる時間が減少している．また，高校における教科のアラカルト化，大学入試科目の減少などにより，学生諸君の基礎科目の未習得，学力低下も昨今話題に上っている．

　本シリーズは，このような状況に対応すべく企画されたものである．従来，事実の記憶が教育の重要な位置を占めていた．大学入試のための数学の勉強が暗記であると言われているのはその最たるものであろう．しかし最も大切なのは，論理的思考の訓練であって記憶ではない．いまやコンピュータ時代である．コンピュータは文字通り計算機ではあるが，大部分は情報端末として，計算以外の記録，検索などに広く利用されている．人間の記憶の部分は，コンピュータの記録にまかせればよい．論理的展開の訓練を通して知恵を養い，新たな発展へつなげていくのが，大学における教育であり，より人間らしい営みではないだろうか．そのような観点から本シリーズでは各科目の内容をしぼり，執筆者の先生方には，勉強の過程で考え方が身につくように工夫していただいたつもりである．

　アメリカ合衆国はご承知のようにイギリスの植民地から分離独立した国である．同一の言葉が話されている国ではあるが，テキストをみると，大きな違いが目につく．アメリカのテキストは厚くて懇切丁寧に書かれており，自習ができるようになっている．そういえば，山ほど宿題がでるという話を聞いたことがある．これに対して日本のテキストは薄いにもかかわらず盛り沢山の内容である．ひいては情報や事実の羅列に陥りがちである．それに対してイギリスのテキストは，薄いが丁寧にわかりやすい論理で書かれてあり，したがって，対象はしぼらざるをえないわけであるが，次の段階へつながる含みを持たせるように構成されている．それが成功したかどうかは読者諸君の判断に委ねるとして，本シリーズはそのようなイギリス式テキストを見習って企画された．

　本シリーズの企画は加川を中心に行い，タイトルと執筆者の選定依頼については，各委員それぞれ，手わけをして行った．いずれにしても本シリーズが，多くの学生諸君に御利用いただけることになれば，それに勝る幸はない．

　本シリーズの企画から刊行までお世話いただいた朝倉書店編集部諸氏に謝意を表する．

2000年春

編集委員しるす

まえがき

　本書は，計算機システムの基本構造，計算機ハードウェア基礎，オペレーティングシステム基礎，計算機ネットワーク基礎などの計算機システムの概要について解説している．工業高等専門学校や大学の学部学生の講義を対象にしていることから，基礎的な内容を具体的にわかりやすく述べることに重点をおいている．さらに，今後重要さが増すと考えられるネットワーク OS などについても取り上げている．

　近年，計算機ネットワークの発達は目を見張るものがあり，インターネットをはじめとしてその発展は著しい．電子メールでの迅速な情報交換，インターネットなどを利用しての情報の収集などにネットワークとその端末は必需品となってきている．したがって，特に工学者や情報処理関連技術者は，これらの計算機ネットワークを利用したシステム設計に携わることも考えられ，そのために計算機ネットワークや計算機システムに関連した基礎知識などを十分に備えていることが必要である．本書は，このような知識を備えたい工学の徒のための入門書といえる．

　参考までに記すと，本書は 1 回 90 分の講義として，半期 13〜15 週で終える分量としている．各章のおよその講義回数は以下に記す程度が適当と考えられる．1 章 (1 回)，2 章 (1〜2 回)，3 章 (3 回)，4 章 (5 回)，5 章 (1 回)，6 章 (1〜2 回)，7 章 (1 回)．

　本書では，合計 43 個の例と 88 題の演習問題，およびその解答を入れてある．問題数はそれほど多いわけではないが，本文の内容とこれらの例および演習問題を十分に学習すれば，本書 1 冊だけで計算機システムの基本構造，計算機ハードウェア，オペレーティングシステム，計算機ネットワークなどに関連した内容が十分にマスターできるはずである．学生の積極的な勉学を期待したい．いつもの

ことながら，学生は本書を通して，自分で考える，工夫する，発見する，創作するなどの習慣を身に付ける訓練をしてほしいと願っている．

 2000年1月吉日

著　　者

目　　次

1　計算機システム入門 ……………………………………………………… 1
　1.1　計算機システムの動作と構造 ………………………………………… 1
　　1.1.1　ゲームマシンにみる計算機システムの動作と構造 ……………… 1
　　1.1.2　パソコンシステムにみる計算機システムの動作と構造 ………… 3
　1.2　計算機の構造 …………………………………………………………… 5
　　1.2.1　計算機の基本構造と動作 …………………………………………… 5
　　1.2.2　計算機の論理構造 …………………………………………………… 7
　1.3　計算機システムの分析と本書の位置付け …………………………… 8

2　数や記号の表現 …………………………………………………………… 12
　2.1　数や記号の表現原理 …………………………………………………… 12
　2.2　正の整数の表現 ………………………………………………………… 15
　2.3　負の整数の表現 ………………………………………………………… 17
　2.4　小数点未満の数を含む表現 …………………………………………… 19
　　2.4.1　小数点未満の正の数の表現 ………………………………………… 19
　　2.4.2　浮動小数点表現 ……………………………………………………… 22
　2.5　2進化10進数 …………………………………………………………… 24
　2.6　文字や記号の表現 ……………………………………………………… 24

3　計算機の基本動作 ………………………………………………………… 27
　3.1　COMETの概要 ………………………………………………………… 27
　　3.1.1　計算機処理の流れの概要 …………………………………………… 27
　　3.1.2　ハードウェア構造 …………………………………………………… 28

- 3.2 COMETの命令の概要 …………………………………………… 35
- 3.3 各命令の説明 …………………………………………………… 36
  - 3.3.1 メモリ転送命令 …………………………………………… 36
  - 3.3.2 データ設定命令 …………………………………………… 38
  - 3.3.3 算術演算命令 ……………………………………………… 39
  - 3.3.4 論理演算命令 ……………………………………………… 39
  - 3.3.5 比較命令 …………………………………………………… 40
  - 3.3.6 シフト命令 ………………………………………………… 42
  - 3.3.7 分岐命令 …………………………………………………… 43
  - 3.3.8 スタック用命令 …………………………………………… 43
  - 3.3.9 サブルーチン用命令 ……………………………………… 45
- 3.4 アセンブリ言語CASL …………………………………………… 47
  - 3.4.1 命令の種類と形式 ………………………………………… 47
  - 3.4.2 擬似命令 …………………………………………………… 49
  - 3.4.3 マクロ命令 ………………………………………………… 50
  - 3.4.4 CASLアセンブラプログラムの例 ……………………… 51
- 3.5 アセンブラの動作概要 ………………………………………… 52
- 3.6 COMETの動作と状態遷移図 ………………………………… 55

4 計算機回路 …………………………………………………………… 58

- 4.1 計算機回路の分類 ……………………………………………… 58
- 4.2 論理関数と簡単化 ……………………………………………… 59
  - 4.2.1 基本演算と論理関数 ……………………………………… 59
  - 4.2.2 基本性質 …………………………………………………… 61
  - 4.2.3 論理関数の表現法 ………………………………………… 63
  - 4.2.4 論理関数の簡単化 ………………………………………… 65
  - 4.2.5 未定義組合せ入力 ………………………………………… 69
- 4.3 組合せ回路 ……………………………………………………… 71
  - 4.3.1 組合せ回路の基礎 ………………………………………… 71
  - 4.3.2 エンコーダ・デコーダ・セレクタ回路 ………………… 76
  - 4.3.3 加減算回路 ………………………………………………… 78

  4.3.4 インクリメンタとデクリメンタ …………………………… 81
  4.3.5 論理演算回路 …………………………………………………… 82
  4.3.6 シフタ …………………………………………………………… 83
  4.3.7 BUS インタフェース回路 …………………………………… 85
 4.4 記 憶 回 路 ………………………………………………………………… 86
  4.4.1 半導体メモリ …………………………………………………… 86
  4.4.2 フリップフロップ回路 ………………………………………… 88
  4.4.3 レジスタ ………………………………………………………… 92
 4.5 順 序 回 路 ………………………………………………………………… 94
  4.5.1 順序回路の概念 ………………………………………………… 94
  4.5.2 順序回路の表現 ………………………………………………… 96
  4.5.3 順序回路の構成 ………………………………………………… 99
  4.5.4 シフトレジスタ ……………………………………………… 104
  4.5.5 カウンタ ……………………………………………………… 105

5 外部記憶装置と入出力機器 …………………………………………… 107
 5.1 外部記憶装置 …………………………………………………………… 107
  5.1.1 外部記憶装置の分類 ………………………………………… 107
  5.1.2 磁気記憶装置 ………………………………………………… 109
  5.1.3 光ディスク装置 ……………………………………………… 112
  5.1.4 フラッシュメモリ …………………………………………… 114
 5.2 入出力機器 ……………………………………………………………… 115
  5.2.1 出力装置 ……………………………………………………… 115
  5.2.2 入力装置 ……………………………………………………… 118
 5.3 入出力制御 ……………………………………………………………… 119
  5.3.1 接続方式 ……………………………………………………… 120
  5.3.2 プログラム制御方式 ………………………………………… 120
  5.3.3 DMA 転送方式 ……………………………………………… 121
  5.3.4 汎用計算機の入出力制御方式 ……………………………… 121
  5.3.5 パソコン向きインタフェース ……………………………… 122

目次

6 計算機ソフトウェアとオペレーティングシステム ……… 125
6.1 計算機ソフトウェアの分類 ……… 125
6.2 オペレーティングシステム ……… 130
- 6.2.1 オペレーティングシステム概要 ……… 130
- 6.2.2 プロセス管理 ……… 134
- 6.2.3 記憶管理 ……… 137
- 6.2.4 ファイル管理 ……… 139
- 6.2.5 入出力管理 ……… 142

6.3 UNIX の例 ……… 142
- 6.3.1 UNIX の歴史 ……… 143
- 6.3.2 UNIX の特徴 ……… 143
- 6.3.3 UNIX の動作の概要 ……… 144

6.4 パソコンの OS の歴史 ……… 149
- 6.4.1 パソコンの OS の歴史 ……… 149
- 6.4.2 Windows の特徴 ……… 150

7 コンピュータネットワーク ……… 152
7.1 コンピュータネットワーク概説 ……… 152
7.2 ネットワークの標準化 ……… 154
7.3 インタフェースとプロトコル ……… 157
7.4 インターネット ……… 159
7.5 ネットワーク OS ……… 161
- 7.5.1 ネットワーク OS と通信プロトコルとの関係 ……… 161
- 7.5.2 ネットワーク OS の発展経過 ……… 162
- 7.5.3 ネットワーク OS の種類 ……… 164

問題の解答 ……… 167
参考文献 ……… 178
索 引 ……… 180

1 計算機システム入門

本章では,計算機システムの基本的な動作と構造を分析し,それらの主なものは何であるかを明らかにする.また同時に,2章以後の各章では,どのような内容を取り上げているかを明確にし,本書の利用者の学習の目的を明らかにする.

1.1 計算機システムの動作と構造

本節では,計算機システムの原型ともいえるゲームマシン,およびパソコンシステムの動作と構造を分析することにより,計算機システムの動作と構造を明らかにする.

1.1.1 ゲームマシンにみる計算機システムの動作と構造

最初に図 1.1 (a) のブロック図で表される**ゲームマシン**を考えてみよう.マシン M は,いわゆる計算機の本体であり高密度な電子回路などからできている.ソフト A は,特定なゲームを行うことができる CD-ROM または交換可能なカートリッジなどの記憶媒体であり,特定なゲーム情報 A が記録されている.これは,いわゆるゲームソフトである.人間 H は,インタフェース I を通してマシン M とやりとりすることができる.すなわち,人間 H はインタフェース I の一部であるディスプレイ(表示装置)に表示された内容 (I→H) に応じてインタフェース I に備えられている操作器(左右,上下の押しボタンなど)を操作 (H→I) して,ゲームを楽しむことができる.矢印の向きは,操作の方向を示している.ゲームソフトをソフト B,ソフト C,ソフト D,… と交換することにより,別のゲーム B, C, D, … を楽しむことができる.図 1.1 (b) に示すゲームマシンは,対戦ゲームの場合で,インタフェース I を共通にして 3 人でゲーム B を

楽しむ様子を示している．さらに，図1.1(c)は，インタフェースI_1とインタフェースI_4との間はインターネット（通信回線，電話回線，または信号線など）を利用して，4人の人間がゲームCを楽しむことができることを示している．

以上のように，どのゲームにおいてもマシンMは共通であるが，ゲームソフトを交換することにより，各種の異なるゲームを行うことができる．この場合に，マシンM自身の中には，おのおののゲームを行ううえで必要な情報（ゲームのプログラムや画像データなど）をゲームソフトの媒体から読みとってきて記憶しておく領域と，ゲームを行ううえで必要な情報を蓄える領域とが必要にな

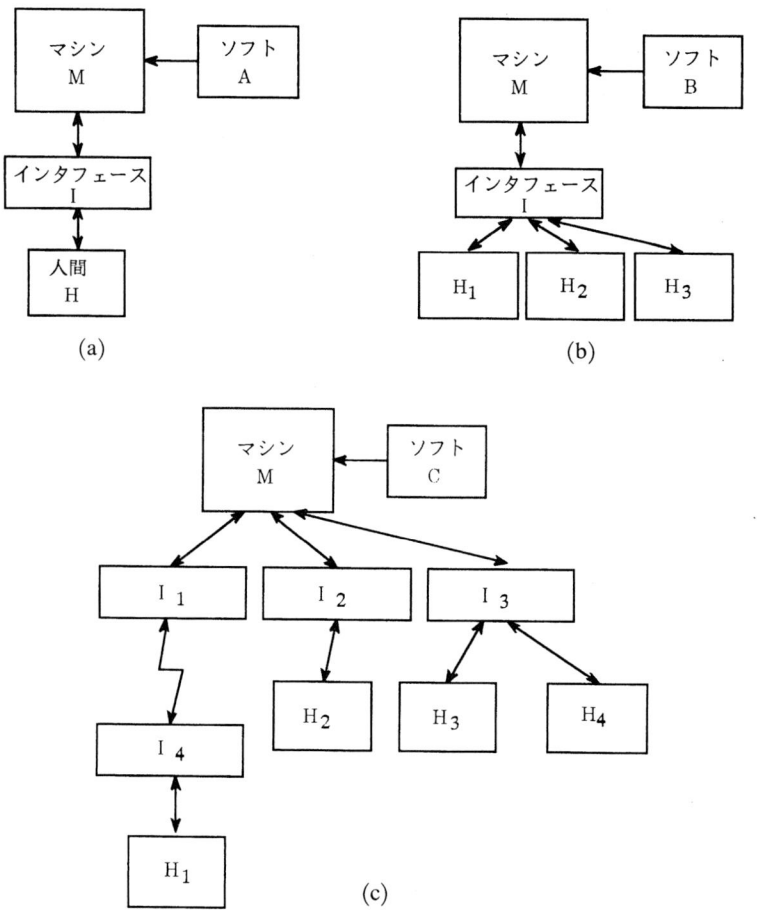

図1.1　ゲームマシン

る．これらの記憶領域を主記憶という．主記憶の中にすべてのゲームを行うのに必要な情報を記憶できればよいが，動画の3次元画像情報には大容量の記憶装置が必要であり，これらのすべての情報を記憶するだけの記憶装置を備えることはきわめて高価につく．これではゲーム機として売れないことになる．そこで，ゲームソフトの媒体の中にもデータを入れておき，ゲームの進行に合わせて必要な情報だけを随時部分的に読み出す安価な方法を採用している．

大切な点は，同一のマシンMであっても，このように異なるゲームソフト（プログラムとデータ情報）を与えることにより，異なるゲームとやり方で遊ぶことができることである．ただ，計算機はどんなに面白いゲームであっても，人間が作ったソフトウェアの下で動作するだけであって，人間のような個性をもって社会を作り，創造的な活動ができるものではない．すなわち，計算機はあくまで道具である．道具が進歩し，おかげで絢爛たる夢の世界をみせてくれるが，ゲームの中の，あるいはインターネットの中の世界は現実世界ではないことを肝に銘じておくことが，21世紀を生きるために必要な心がけである．

1.1.2 パソコンシステムにみる計算機システムの動作と構造

図1.2は最近の典型的な**パソコンシステム**のブロック図を示す．演算制御装置(CPU)，主記憶(MM)，メモリバスコントローラ(MBC)からなる部分が，図1.1のゲームマシンM部に相当する．図1.2のハードディスクやフロッピーディスクは図1.1のCD-ROMやカートリッジに相当し，外部（補助）記憶装置と呼ばれる．図1.2のディスプレイ（表示装置）は，ディスプレイとして用いた図1.1のインタフェースと同じである．キーボードやマウスは，パソコンシステムへの入力を与えるものであるが，これは図1.1のゲームマシンで人間がインタフェースを通してマシンへ操作を与えるインタフェース（左右，上下の押しボタンなど）に相当している．ネットワークアダプタは，図1.1のインタフェースI_1やI_4に相当し，ネットワークはI_1〜I_4間の通信回線と同等である．各種のコントローラやバスブリッジ，ネットワークアダプタは，それぞれの端末（ディスプレイ，ハードディスク，フロッピーディスク，マウスなどのインタフェース）のためのインタフェースである．ローカルバス，外部バスは信号線であり，各種のコントローラやバスブリッジ，ネットワークアダプタとともに小さなネットワークを構成している．

図1.1のゲームマシンと同等に，演算制御装置(CPU)は，主記憶上に書かれたプログラム(ソフト)の内容にしたがって動作しており，その結果は(主記憶を経由して)端末(ディスプレイ，ハードディスク，ネットワーク)へ出力するとともに，端末(ハードディスク，キーボード，マウス，ネットワーク)から(主記憶を経由して)入力を受け取る．

CPU はメモリバスコントローラ (MBC) を通して，主記憶 (MM) とデータ(情報)をやりとりして処理が進む．CPU は MBC を通して直接的に他の端末などとデータ(情報)をやりとりするのではなく，いったん MM を経由してやりとりする．すなわち，各種の端末は(各種のコントローラ，バスブリッジ(BB)，ネットワークアダプタも経由して)メモリバスコントローラ(MBC)を通して，主記憶(MM)とデータ(情報)をやりとりする．したがって，CPU にとっては各種の端末を別々の入出力装置としてみておらず，入出力装置としては MM のみを相手にしている．

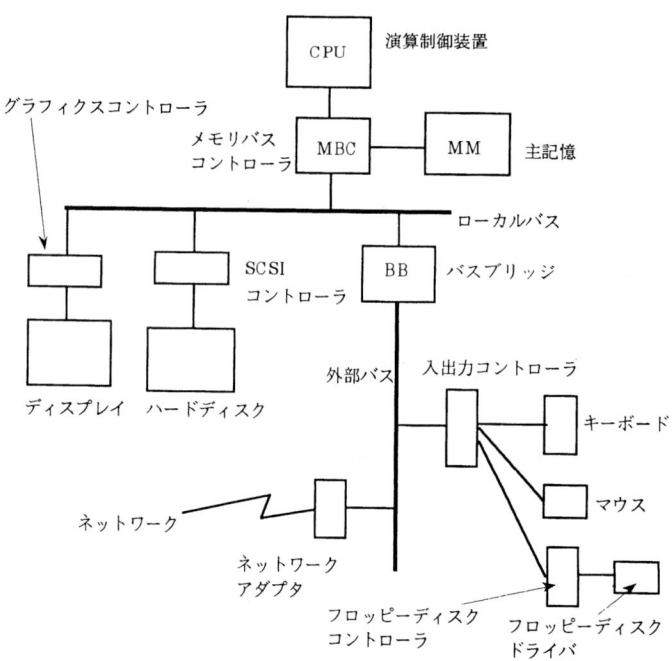

図1.2　パソコンシステムのブロック図

1.2 計算機の構造

この節では，計算機単体の構造と動作を物理的な観点と論理的な観点から明らかにする．

1.2.1 計算機の基本構造と動作

図 1.2 のパソコンシステムにみたように，CPU にとっては，各種の端末との入出力は，メモリとの入出力に等価であった．このようにみると，計算機の基本構造は図 1.3 に示すように，中央処理装置 (CPU : Central Processing Unit)，記憶装置 (メモリ)，入出力装置からなるといえる．

中央処理装置 (CPU) は，演算回路，制御回路からなる．制御回路は，記憶装置から届いた (読みとった) 命令を解読 (デコード) し，演算回路または記憶装置へ次々に制御信号を発する．演算回路は制御回路によって指定された演算を行う．演算の対象となるデータは，記憶装置から読み出されたり，また，CPU 内のレジスタ (一時記憶装置) にあるデータである．演算の種類には加減乗除のほかに論理和，論理積，NOT, EOR (XOR, EXOR) などの論理演算もある．また，加減乗除にも，固定 2 進数演算，浮動小数演算などがある．演算の結果は，CPU 内のレジスタに残されたり，記憶装置へ書かれたりする．

記憶装置は命令やデータを記憶しておくものであり，一般に，ここから読み出されたり，ここへ書かれたりする．データの単位はワード (語) と呼ばれ，その幅は 16 ビット，32 ビット，64 ビットなどである．ここでビットとは，0 と 1 の 2 値信号を表す最小単位であり，今日の計算機内部の信号やデータは，特別な場合を除いて，この 2 値信号あるいはそれらの集まりを用いて表現されている．

入出力装置は，図 1.2 のパソコンシステムでみたように，利用者と計算機との間の役割をするものであり，入力装置，出力装置，通信端末装置などである．より具体的には，キーボード，ディスプレイ (CRT : Cathode Ray Tube, 画像表示装置，液晶表示装置)，外部記憶装置 (磁気ディスク，磁気テープ，フロッピーディスク)，マウスなどである．

以下では，記憶装置に関連して補足説明しておこう．初期の計算機では，プログラムを配線で行っていた．この時期にはもっぱら計算機は計算することが主要

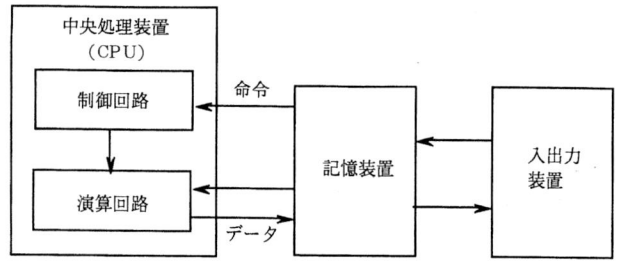

図1.3 計算機ハードウェアの基本構造

な仕事であったから,計算するためのプログラムを作ったり,変更したりするには配線を変更しなければならないので,手間がかかっていた.その後,Von Neumann(フォン・ノイマン)が計算機の記憶装置にプログラムを記憶させておき,このプログラムを読み出しながら計算機を動作させる方法を提案した.記憶装置にあるプログラムを変更するのは,電気回路の配線を変えるより容易なことである.また,別のプログラムを記憶装置に入れることで,別の仕事をすることができる.この方式を蓄積プログラム方式といい,前者を配線プログラム方式といった.いまのように計算機が普及するまでには,この折衷のような計算機もごく少し考えられたが,いまでは,蓄積プログラム方式以外の計算機はないといってよい.

最近では,普通にパソコンを使う場合は,プログラムを作ることはまれで,もっぱらワープロ,表計算およびインターネットが主である.このような使われ方でも,蓄積プログラム方式であって,ワープロなどのプログラムが記憶装置に入っている.このプログラムは,プログラム言語といわれるCやVisual Basicなどの言語で書かれたものではなく,3章で説明する機械語でできたプログラムである.計算機を動作させることは,機械語でのみできることである.C言語で書かれたプログラムも機械語に直されて,記憶装置に入れられ,それを計算機が読み出してはじめて動作する.このために,計算機では必ず記憶装置から命令を読みだすことと,その読み出した命令を実行することの二つのサイクルで処理がなされる.前者をフェッチサイクル(fetch cycle),後者を命令実行サイクル(execution cycle)という.

ワープロでも表計算でも,キーボードで入力した文字や数値は,機械語の命令によって,多くの場合に記憶装置に蓄えられることが多い.また,記憶装置に

入っている文字(ワープロの画面の文字はすでに記憶装置に入っている)や数値を機械語命令で読み出してきて，文字の変換や計算をする．すなわち，記憶装置には，処理する対象となる文字・数値のデータが入っている．ワープロのプログラムでは，ローマ字から漢字に変換する仕事をする．このとき，キーボードから入力したローマ字をまずひらがなに変える作業をする．このときには，ローマ字と記憶装置に入っている変換辞書をつき合わせなければならない．つまり，ローマ字の変換辞書を記憶装置から読み出してこなければならない．この作業には，変換辞書を読み出せという命令が必要である．

人間をはじめとする生物の記憶装置は，まだ神経生理学などの研究者が努力をしているにもかかわらず詳細までは明らかになっていないが，計算機の記憶装置とはまったく異なっている．その第一は，人間は連想で記憶を思い出すことができるが，計算機では記憶してある場所を指示しなければならない．この記憶の場所は，番地(address)という．記憶装置からプログラムやデータを読み出すのも，記憶装置にデータを蓄積するのも，すべて番地を指示する必要がある．

1.2.2 計算機の論理構造

計算機の**論理構造**とは，計算機を物理的側面(大きさ，速度，重さなど)からではなく，論理的な側面(何がどのような処理をするかなど)から計算機をみた構造をいう．計算機の論理構造を示すと，図1.4に示すように，中心部に前節でみたようなハードウェアがあり，その外側にこれを利用するソフトウェアがある．一番内側のソフトウェアはシステムプログラムで，さらにその外側に応用プログラムがある．このように概念図を円で示す理由は，外側のプログラムは，内側のハードウェアまたはプログラムによって処理される(動かされる)ことを意味するからである．

ハードウェアは，与えられたプログラムによって，実際に物理的に動作するものであり，現在のほとんどの計算機は電気的な動作を行っている．しかし，周辺機器まで考えると機械的，電磁的，光学的な動作などを行うものもある．計算機の処理速度がどの程度か，必要な電力がどの程度か，必要なスペース(体積)はどの程度かなどは主に

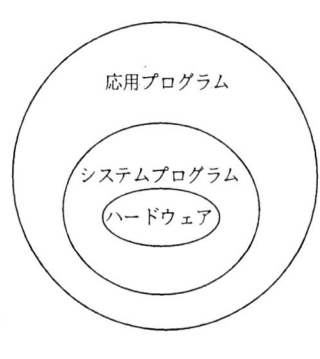

図1.4 計算機の論理構造

このハードウェアに依存している．

　最も外側の**応用プログラム**は，ユーザ(利用者)が直接に利用するプログラムである．ユーザが計算などの目的で作成したプログラム，ワープロや表計算など購入して利用する各種のプログラムはこのプログラムに属する．

　システムプログラムは，ハードウェアと応用プログラムの中間に位置して，その間の橋渡しの役目を行う基本的なプログラムである．一般に，応用プログラムをハードウェア上で効率よく走らせたり，ユーザが利用しやすい機能を提供したりするものである．計算機に電源が入り，稼働状態になっていれば，たとえ使わないときでも，いつも稼働しているプログラムもあり，これをオペレーティングシステムという．この下に，プログラム言語，ユーティリティプログラムと呼ばれるプログラムなどがあって，これらを含めてシステムプログラムという．

1.3　計算機システムの分析と本書の位置付け

　以上では，ゲームマシン，パソコンシステム，計算機の基本構造，計算機の論理構造という角度から計算機システムの構造と動作をみてきた．この内容から，計算機システムとその主な関連システムがどのように構成されて，どのように動作するかの概要(基本項目)を知ることができる．本書は計算機システムの入門書として計算機システムのきわめて基礎的な内容のみを取り扱っている．目次にも示されている通り，本書は7章からなっており，それらの1章〜7章に記述されている内容は以下の(1)〜(7)の質問に示す解答になっている．以下ではそれらの回答について簡単に述べる．

(1) 計算機システムはどのような要素から構成されているか

　第1章では，現在検討している通り，計算機システムにはどのような基礎項目があり，どのような点を学習すべきかを明らかにして，今後の各章の立場を明らかにしている．

(2) 計算機システムや情報システムでは情報はどのように表現されるか

　第2章では，計算機システムや情報システムの中で，数や記号がどのように表現されるかを学ぶ．計算機の内部では0または1の値をもつ2値信号によって情

報が表されていること，2進数を中心にr進数による数の表現，負の数の表現方法，大きな実数を表現することができる浮動小数点表現，文字や記号を表現するコード体系について学ぶ．

(3) 計算機はどのような原理で動作するか (計算機のハードウェアとソフトウェアの接点)

第3章では，計算機の基本的な構造と動作を理解することを目的とする．そのため，昭和62年度から情報処理技術者試験でも取り上げられている COMET 計算機を取り上げる．COMET 仕様は主に論理的な命令動作を定めたものであり，具体的なハードウェア構造は定めていない．しかし，本書ではハードウェア動作を理解する目的から，COMET 仕様から導出されるハードウェア構造を定める．このハードウェア構造の上で，命令の動作を明らかにし，基本的なハードウェアの動作を理解する．また同時に，それらの命令の動作を定めているアセンブラ言語 CASL も取り上げて理解する．

(4) 計算機回路はどのように構成されているか

第4章では，計算機内部の基本的な回路がどのように設計されて構成されているかを学ぶ．3章の COMET 計算機で示す各部分回路を中心に学習する．

まず最初に，計算機回路を分類し，このあとで述べるおのおのの回路の位置付けを明らかにする．3章の COMET 計算機で示す図3.2の各部分回路がどの分類に属するかも明らかにされる．

次に，計算機内部の各回路は，基本的なルールを基礎とする論理関数に基づいて目的の働きをするように設計されて構成されている．ここでは論理関数の基本事項を学ぶ．

論理関数を電子回路で実現する回路が組合せ回路である．この章では，論理関数に対応した組合せ回路の基本事項について学ぶ．また，組合せ回路に属する演算回路についても学ぶ．COMET の演算回路 (ALU) では，加減算，論理演算，比較演算，シフト演算が必要である．ここではこれらの具体的な演算回路について学ぶ．

記憶回路は，半導体メモリ類，フリップフロップ類，レジスタがある．ここでは，それらの概要と動作，構造などについて学ぶ．

最後に，順序回路の概念とその実際の構成法を学ぶ．また，順序回路の中の代表的な回路であるシフトレジスタとカウンタについて動作と構造を理解する．

(5) 外部記憶装置や入出力装置にはどのようなものがあり，それらはどのような構造をして，どのように動作するか

　計算機は外部（補助）記憶装置（磁気ディスク，磁気テープなど）と入出力装置（キーボード，CRT，プリンタなど）を組み込んでいる．これらの装置は周辺装置と呼ばれることもある．外部記憶装置は，大量のデータを長期に保存したり，データを計算機へ高速に読み込んだり書き込んだりする装置である．また，入出力機器は，人間が計算機とコミュニケーションをする大切な手段である．第5章では，外部記憶装置と入出力装置の構造と動作について具体的に解説したあと，これらが計算機とどのように接続されてデータがやりとりされるかについて説明する．

(6) 計算機ソフトウェア（プログラミング言語）にはどのようなものがあり，計算機システムはどのように管理，運用されているか，またその管理，運用するオペレーティングシステムとはどのようなものか

　第6章では，計算機ソフトウェアの概要とオペレーティングシステムについて述べる．オペレーティングシステムは，計算機をどのように管理，運用するかを定めている基本的なプログラムである．最初に計算機システムのソフトウェアを分類し，おのおのの分類ソフトウェアについて概要を述べる．そのあとで，オペレーティングシステムの一般論について述べ，さらに代表的なオペレーティングシステムである UNIX および Windows について具体的に述べる．

(7) 計算機ネットワークによる情報の授受の原理はどうなっているか

　最近共通の基盤の下に，インターネットと呼ばれるコンピュータを使った通信が急速に立ち上がり，世界中のパソコンやワークステーションをネットワークで結んでいる．さらに，マルチメディアなるものもこの上で動き出している．コンピュータネットワークは今後の社会での重要な地位を占めることに疑いはない．したがって，計算機システムの一部あるいは計算機の入出力対象の媒介となる計算機ネットワークについて，その動作や原理を知っておくことは，計算機関係技

術者のみならず工学者にとって未来を開く鍵となる．第7章では，コンピュータネットワークの概要，ネットワークの標準化，インタフェースとプロトコル，インターネット，ネットワークOSなどの基本事項について学ぶ．

問 1.1 マイクロプロセッサ（制御用計算機）(MP) が組み込まれている家電機器（たとえば，電気洗濯機，電気掃除機，炊飯器，電話器など）の一つを取り上げて，人間（利用者）と機械との情報の授受と機械の動作について，ブロック図などを用いてできるだけ詳しく説明しなさい．この場合に，MPの入出力情報とMPの論理的な動作については必ず説明の中へ含めなさい．

問 1.2 以下の(a), (b), (c)に示す技術者（開発者，研究者）にとって，本書の中で検討する内容が，仕事（研究）を遂行するうえで，どのような場合に有用になる（基礎となる）かを，自分で考えられる範囲で，述べなさい．
(a) 家電メーカのラジオ，テレビなどの受信機回路設計者
(b) 大手自動車メーカの自動組立ラインの自動化ラインシステム設計者
(c) 医用システムメーカの超音波医用診断装置の設計者

問 1.3 計算機システムの基本項目として，本書で取り上げられていないと思われるものがあれば何か（どのような内容か），あるいは，本書で取り上げている講義内容をすべて学習したあとに，さらに4時間(90分の講義が2回)の追加講義が行われると仮定するならば，どのような講義内容を取り上げるのが適当と思われるかのいずれかについて，その内容と理由の概略を述べなさい．

2 数や記号の表現

 この章では，数や記号がどのように表現されるかを学ぶ．2.1 節では,計算機の内部では 0 または 1 の値をもつ 2 値信号によって情報が表されていることや数や記号を表すうえでの必要条件について整理する．2.2 節から 2.5 節では 2 進数を中心に数値の表現方法を学ぶ．ここで，2.2 節では正の整数の表現方法について r 進数による表現を，2.3 節では負の整数の表現方法を示す．2.4 節では少数点未満の数を含む表現として，少数点未満の正の数の表現，固定小数点表現，そして大きな実数を表現することができる浮動小数点表現を学ぶ．2.5 節では 10 進数の 1 桁を 4 ビットの 2 進数を用いて表現する BCD 表現を示す．最後に，2.6 節では文字や記号を表現するコード体系を解説する．

2.1 数や記号の表現原理

 この節では，計算機の内部ではすべての情報は 0 または 1 の値をもつ 2 値信号によって表されていることを示す．また，このあとの節で述べる数や記号の表現方法として，どのような特性が必要とされるかの条件を整理する．
 一般に，計算機内部，コントローラ，端末などで用いられる文字や記号あるいはデータの最小単位は**ビット** (bit) と呼ばれ，0 または 1 の値をもつ **2 値**信号である．ビットという用語は，2 進 (binary) と桁 (digit) の合成語である．この最小単位の 2 値信号は，たとえば計算機の回路の中では，1 本の信号線の電圧で表現され，ある電圧 θ 以上であるならば 1 に，θ より小さければ 0 に対応付けることによって表されている (この反対の対応でもよい)．このように，ある基準を満たすか満たさないか，ある成分があるかないか，あるいは命題(ある事柄)が真か偽かなどは，等価的に 2 値を扱っていることになり，同様な議論となる．

2値の値をもつ変数を**論理変数**と呼ぶ．1ビットでは，0と1の2種類の情報を表現できる．同様に，x_1, x_2の2ビットでは$(x_1, x_2) = 00, 01, 10, 11$の4種類の情報を，一般に，$x_1, x_2, \cdots, x_n$の$n$ビットでは$00\cdots 0$から$11\cdots 1$までの$2^n$個の情報を表現することができる．一般に，計算機システムの内部は，このような2値信号の組合せによって，各種の情報が表現されている．このような情報は**ディジタル**情報やディジタル信号などと呼ばれる．

一般に，2値のビットに対して，3値以上の値をもつ変数や桁などは，**ディジット** (digit) と呼ばれる．

2値信号に対応した動作のできる回路は，**論理回路**または**ディジタル回路**といわれる．一方，このような2値ではなく，連続的な値をとる信号はアナログ信号といわれる．たとえば，ラジオやテレビなどの音声は音声ボリュームを変えることによって小さい音から大きい音までスピーカから出る．この場合のスピーカから出てくる音の大きさは連続的なものであり，アナログ量である．日常生活において，人間の五感で感じる大きさは，一般にアナログ量である．このように考えてみると，普通に対象になる物理量はほとんどがアナログ量であり，ディジタル量はむしろ特別であるといえる．CRTディスプレイ上に文字や絵を表示する場合には，CRT上での文字や絵の位置，輝度などに応じたアナログ信号がCRTへ与えられる．CRTコントローラとCRTとの間では，ディジタル信号からアナログ信号へのデータの変換 (**DA変換**) が行われなければならない．逆に，電圧の大きさであるアナログ信号をディジタル信号へ変換する必要がある場合などもある．この場合には，アナログ信号からディジタル信号へのデータの変換 (**AD変換**) が行われなければならない．

計算機システムの中の2値信号は，電圧だけで決められる必要はなく，電流，磁束，電界，光など装置(デバイス)に適した物理量によって対応がとられて用いられる．たとえば，情報を記憶する磁気ディスク装置などは，磁気ヘッドの下の読み取り箇所(磁化面)が，特定な方向へ磁化されているかどうかで1, 0を表現している．

以上のように数や記号などを表現するうえで必要な項目をあげると以下のようになる．

(1) 必要な範囲の情報を表現できること

たとえば，あるキーボードの入力に使う記号の種類が150個あるならば，少なくとも8ビットを必要とする．また，大きな数や小さな数を表したい場合には，適当な指数表現が必要になる．さらに，高い精度を要する場合には，それに応じたビット数を用いて表現する必要がある．

(2) 変換が容易であること

AD変換やDA変換，あるいは，あるコード体系から別のコード体系へデータや記号を変換することは，計算機システムの内部，またはある計算機システムの結果やプログラムなどを他の計算機システムで動かす場合など頻繁に発生する．また，データを送信する場合や大量のデータを保存する場合にデータを圧縮して送信または保存し，受信または読み出しのあとにもとのデータに戻して(復元して)利用することも頻繁に行われる．このような場合に，変換が正しく容易に行われる必要がある．

(3) 効率がよいこと

たとえば，38個の記号が表現できればよい場合に，6ビットあれば十分である．これをたとえば38ビット用いて表現する場合には，普通はビット数の効率が悪いといえる．しかし，効率がよいか悪いかは，その用いられる記号体系(表現方法)が，送信(発信)と受信システムなどの利用される媒体に適合しているかどうかに依存して決定される．

(4) 普遍性があること(規格化されていること)

特定のシステムだけで利用可能な数や記号であって，他のシステムでは利用することができなくては不便である．異なるシステムであってもお互いに利用が可能な表現であることが望まれる．このためには，数や記号の表現がどのシステムでも十分表現能力をもっていることなどが必要である．すなわち，一般的に利用可能なものでなければならない．この普遍性の条件は，一般に多くのシステムに利用されるための条件である．この条件を満たすために，一般に規格化がなされる．

これらの表現について，さらに詳しく学ぶことが2章の目的である．

2.2 正の整数の表現

　この節では，数の表現として最も基礎となる正の整数の表現を2進数，r進数，10進数の関係から学ぶ．

　もともと，数はものを数えるためにあったものである．これを文字で表すときには，地球上の大方は，アラビア数字の0〜9を使って10進数で表現している．しかし国あるいは地方で，呼び方は違う．たとえば英語では，1から12までは規則性がない．すなわち，one から twelve までは規則性がない．フランス語では，16まで不規則である．これは，その国語の文化と歴史を表していて，12進数や16進数がかっては使われていたことを意味する．また別な国では，いまでも2進数が使われているという．なお，ものを数える数を自然数といい，0と負がない．

　小数点以上の正の数 N は物を数える数値であるから，10進数でも，2進数でもまったく同じ数値を表すことができる．一般的に r を**基数**(radix)とする r 進数の表現も付け加えると，10進数，2進数，r 進数はおのおの以下の式のように表せる．ただし簡単化のため10進数，2進数，r 進数では同一の係数(文字) $a_{n-1}, \cdots, a_1, a_0$ などを使って表現しているが，それらの値は異なる．

$$N = (a_{n-1} \times 10^{n-1} + a_{n-2} \times 10^{n-2} + \cdots + a_i \times 10^i + \cdots + a_1 \times 10^1 + a_0 \times 10^0)_{10}$$
$$= (a_{m-1} \times 2^{m-1} + a_{m-2} \times 2^{m-2} + \cdots + a_i \times 2^i + \cdots + a_1 \times 2^1 + a_0 \times 2^0)_2$$
$$= (a_{p-1} \times r^{p-1} + a_{p-2} \times r^{p-2} + \cdots + a_i \times r^i + \cdots + a_1 \times r^1 + a_0 \times r^0)_r \quad (2.1)$$

基数が異なる場合の表現の変換は次のようにしてできる．数 N を r で割ったときの**商**を N_1，**剰余**(余り)を a_0 とすると，N は以下のように表される．

$$N = (N_1) \times r + a_0 \quad (2.2)$$

ここで，剰余 a_0 は式 (2.1) の r^0 の項の係数を示していることに注目してほしい．

　同様に，N_1 を r で割ったときの商を N_2，余りを a_1 とすると，N は以下のように表される．

$$N = ((N_2) \times r + a_1) \times r + a_0 \quad (2.3)$$

剰余 a_1 が r^1 の桁の係数の値であることは，a_0 と同じである．

　以下，同様に，N_{i-1} を r で割ったときの商を N_i，余りを a_{i-1} とすると，N

は以下のように表される．

$$N=((((\cdots(\cdots(((a_{n-1})r+a_{n-2})r+\cdots+a_i)r+\cdots+a_3)r+a_2)r+a_1)r+a_0$$
$$=a_{n-1}\times r^{n-1}+a_{n-2}\times r^{n-2}+\cdots+a_i\times r^i+\cdots+a_3\times r^3+a_2\times r^2+a_1\times r^1+a_0\times r^0 \tag{2.4}$$

結局，N は n 桁の r 進数として以下のように表される．

$$N=(a_{n-1}a_{n-2}\cdots a_i\cdots a_1a_0), \quad a_i\in\{0,1,\cdots,r-1\} \tag{2.5}$$

つまり，10進数を2進数に変換するのは，$r=2$ として，2で除算を繰り返し，剰余を取り出せばよい．2進数を10進数に変換するにも同様な方法でできる．ただし，人間は小さいときから九九を習っていたから任意の数での除算は楽であるが，2進数で10進数の10は1010であり，この2進数表現を使って10での除算をするのは簡単でない．よって，普通は次のように各桁を10進数で表して，各桁の和をとって表す．

[**例 2.1**] 以下に示される8桁の2進数は，10進数では以下のようになる．

$$(10001011)_2=1\times 2^7+0\times 2^6+0\times 2^5+0\times 2^4+1\times 2^3+0\times 2^2+1\times 2^1+1\times 2^0$$
$$=1\times(128)_{10}+1\times(8)_{10}+1\times(2)_{10}+1\times(1)_{10}$$
$$=(139)_{10} \tag{2.6}$$

[**例 2.2**] 上の [例 2.1] とは逆に，$(139)_{10}$ を2進数で表現してみよう．

$$139=(69)\times 2+1 \quad (2^0 \text{の桁 } a_0=1)$$
$$69=(34)\times 2+1 \quad (2^1 \text{の桁 } a_1=1)$$
$$34=(17)\times 2+0 \quad (2^2 \text{の桁 } a_2=0)$$
$$17=(8)\times 2+1 \quad (2^3 \text{の桁 } a_3=1)$$
$$8=(4)\times 2+0 \quad (2^4 \text{の桁 } a_4=0)$$
$$4=(2)\times 2+0 \quad (2^5 \text{の桁 } a_5=0)$$
$$2=(1)\times 2+0 \quad (2^6 \text{の桁 } a_6=0)$$
$$1=(0)\times 2+1 \quad (2^7 \text{の桁 } a_7=1)$$

以上より，以下に示す8桁の2進数が得られた．

$$(139)_{10}=(10001011)_2=(a_7a_6a_5a_4a_3a_2a_1a_0)_2 \tag{2.7}$$

このほか，16進数で内部数値を表現した16進数が汎用機の演算に使われている．いまのパソコンでも，2進4桁をまとめると，桁数が短いし，覚えやすいので，プログラムする際に16進数が使われることがある．16進数と2進数と10進数の関係を表2.1に示す．

2.3 負の整数の表現

表 2.1 16進数と2進数と10進数の関係

16進数	2進数	10進数
0000	0000 0000 0000 0000	0
0001	0000 0000 0000 0001	1
0002	0000 0000 0000 0010	2
⋮	⋮	⋮
0009	0000 0000 0000 1001	9
000A	0000 0000 0000 1010	10
000B	0000 0000 0000 1011	11
000C	0000 0000 0000 1100	12
000D	0000 0000 0000 1101	13
000E	0000 0000 0000 1110	14
000F	0000 0000 0000 1111	15
0010	0000 0000 0001 0000	16
⋮	⋮	⋮
00FF	0000 0000 1111 1111	255
0100	0000 0001 0000 0000	256
⋮	⋮	⋮
1111	0001 0001 0001 0001	4369
⋮	⋮	⋮
F000	1111 0000 0000 0000	61440
⋮	⋮	⋮
FFFF	1111 1111 1111 1111	65535

問 2.1 以下の16桁の2進数または3進数は，いくつの10進数を表しているかを求めなさい．
(a) $(1101001011111011)_2$　　(b) $(0010210001020001)_3$

問 2.2 以下の10進数または4進数で表されている数を，2進数と8進数の両方で表しなさい．
(a) $(317)_{10}$　　(b) $(203113)_4$

2.3 負の整数の表現

ここでは2進数について，負の整数の表現について学ぶ．われわれが日常使っている負数は，絶対値に負の記号－を付けている．減算を行う際に，大きな数から小さい数を引くときはよいが，小さい数から大きい数を引くときには，逆にして引き算をし，－を付けるというやっかいなことをしている．つまり，引き算をするには判断・引き算・（負の符号を付ける）という2(3)段階の操作が必要である．計算機の内部では－符号が使えないので，0,1で代用する必要があり，最上位桁のビットが0の場合を正，負の場合を1としている．このことから，最上位桁のビットを**符号ビット**と呼ぶ．計算機の取り柄の一つは迅速であり，それに

は正，負の判断なしで，足し算も引き算も機械的にできることが望ましい．このために考えられた表現が補数である．

正の数 N に対して，負の数 $-N$ の表し方には以下の2通りの方法がある．

(a) **1の補数** (1's complement) によるもの
$$N = (a_{n-1} \cdots a_1 a_0)_2 \text{ に対して } -N = (\bar{a}_{n-1} \cdots \bar{a}_1 \bar{a}_0)_2 \tag{2.8}$$
で表す．$-N$ は，$(a_{n-1} \cdots a_1 a_0)_2$ の各ビットの否定をとったものに等しい．

(b) **2の補数** (2's complement) によるもの
$N = (a_{n-1} \cdots a_1 a_0)_2$ に対して，1の補数をとり，さらに最下位ビットに1を加えたもの．すなわち，
$$N = (a_{n-1} \cdots a_1 a_0)_2 \text{ に対して } -N = (\bar{a}_{n-1} \cdots \bar{a}_1 \bar{a}_0)_2 + (0 \cdots 01)_2 \tag{2.9}$$
で表す．

一般に，2進数で表された数 $(a_{n-1} \cdots a_1 a_0)_2$ に対して，a_{n-1} を最上位ビット (**MSB**: Most Significant Bit) といい，a_0 を最下位ビット (LSB: Least Significant Bit) という．

[**例 2.3**] 4 bits の2値パターンに対して2進数による値(10進数で表現)，1の補数による10進数の値，2の補数による10進数の値を示すと表2.2のようになる．ここで，以下の点に注意する必要がある．

・1の補数では0の表現が2つある．

表2.2 4ビットパターンとその値

x_3	x_2	x_1	x_0	2進数の値	1の補数による値	2の補数による値
0	0	0	0	0	0	0
0	0	0	1	1	1	1
0	0	1	0	2	2	2
0	0	1	1	3	3	3
0	1	0	0	4	4	4
0	1	0	1	5	5	5
0	1	1	0	6	6	6
0	1	1	1	7	7	7
1	0	0	0	8	-7	-8
1	0	0	1	9	-6	-7
1	0	1	0	10	-5	-6
1	0	1	1	11	-4	-5
1	1	0	0	12	-3	-4
1	1	0	1	13	-2	-3
1	1	1	0	14	-1	-2
1	1	1	1	15	-0	-1

- n ビットの 1 の補数では $-2^{n-1}+1 \leqq X \leqq 2^{n-1}-1$ の範囲の数値を，n ビットの 2 の補数では $-2^{n-1} \leqq X \leqq 2^{n-1}-1$ の範囲の数値を表現できる．
- ほとんどの計算機では 2 の補数を用いている．

［例 2.4］ 8 ビットの 1 の補数による表現では，$-2^{8-1}+1 \leqq X \leqq 2^{8-1}-1$，すなわち $-127 \leqq X \leqq 127$ の範囲の数値を表現できる．また，8 ビットの 2 の補数による表現では，$-2^{8-1} \leqq X \leqq 2^{8-1}-1$，すなわち $-128 \leqq X \leqq 127$ の範囲の数値を表現できる．

10 進数 $-(103)_{10}$ を 8 ビットの 1 の補数，および 2 の補数で表してみよう．

8 ビットの 1 の補数表現による $-(103)_{10}$ は，$(103)_{10}$ の 8 ビット表現を求め，さらに各ビットを反転すれば得ることができる．$(103)_{10}=(01100111)_2$ であるので，$-(103)_{10}=(10011000)_2$ となる．

2 の補数表現は 1 の補数表現へ $(00000001)_2$ を加えれば得られる．したがって，$-(103)_{10}=(10011001)_2$ となる．

問 2.3 6 ビットの 2 の補数による表現で表すことができる数値範囲を示し，以下の 10 進数を 6 ビットの 2 の補数による表現で表しなさい．
(a) 27 (b) -19

問 2.4 8 ビットの 2 の補数で表されている以下の数値を 10 進数で表しなさい．
(a) 11101011 (b) 10010000

2.4 小数点未満の数を含む表現

一般に，整数だけでは詳しい値まで表すことができない．そのためには，小数点未満の数を表せる必要がある．ここでは，小数点未満の数を含む表現として，その基礎となる小数点未満の正の数の表し方と，より広い範囲の数値を表すことができる浮動小数点数表現について学ぶ．

2.4.1 小数点未満の正の数の表現

小数点未満の数は，科学技術計算や日常生活の金利や消費税などの計算に使われている．どちらの場合も 10 進数の計算であるが，計算機の中で 2 進数で計算する数が 10 進数と異なっていては問題である．小数点以上の数 (正の整数) では，その大きさの数を表すことができる桁数さえ満たせば，何進数で表してもお

互いに同じ数を表すことができた．しかし，小数点未満の数では，一方の表現では少ない桁数で表すことができても，他方の表現では比較的少ない桁数あるいは有限な桁数では表せない数がある．たとえば，10進数の 0.4 は 2 進数では有限の桁で表すことができない $(0.4=(0.0110\ 0110\ 0110\cdots)_2)$．また，3進数の 1/3 は，3進数 1 桁で表せる数であるが，10 進数では $0.333\cdots$ と循環小数となる．このように表すことができない場合には，誤差が発生することになる．

さて，ある小数点以下の数 N を r 進数で表現すると以下の式のようになる．
$$N_r = a_{-1} \times r^{-1} + a_{-2} \times r^{-2} + a_{-3} \times r^{-3} + a_{-4} \times r^{-4} + a_{-5} \times r^{-5}$$
$$+ a_{-6} \times r^{-6} + \cdots \tag{2.10}$$

いま，何進数かで表されている小数点未満の数 N を r 進数に変換する場合を考えよう．N は小数点未満の数であるため，何進数で表されていても，$0 \leq N < 1$ を常に満たしている．したがって，N を r 倍した数 rN は，$0 \leq rN < r$ を満たし，rN を r 進数で表すと，以下の形となるはずである．
$$rN = (rN)_r = a_{-1} + a_{-2} \times r^{-1} + a_{-3} \times r^{-2} + a_{-4} \times r^{-3} + a_{-5} \times r^{-4}$$
$$+ a_{-6} \times r^{-5} + \cdots \tag{2.11}$$

このとき，
$$rN_r - a_{-1} = a_{-2} \times r^{-1} + a_{-3} \times r^{-2} + a_{-4} \times r^{-3} + a_{-5} \times r^{-4} + a_{-6} \times r^{-5} + \cdots \tag{2.12}$$

であり，r 進数の定義より，$0 \leq rN_r - a_{-1} < 1$ を満たす．すなわち，もとの数 N が何進数で表されていても，N を r 倍した rN を r 進数で表せば，その正数部分が a_{-1} を示していることを意味する．これは，N を r 進数で表したときの r^{-1} の係数に等しい．

式 (2.12) の左辺 (右辺) は $0 \leq rN_r - a_{-1} < 1$ を満たしているので，同様にして，式 (2.12) の r^{-1} の係数 (式 (2.10) の r^{-2} の係数) a_{-2} を求めることができる．以下同様にして，$a_{-3}, a_{-4}, a_{-5}, a_{-6}, \cdots$ の係数も求められる．

例として，10進数の $(0.625)_{10}$ の 2 進数を求めてみよう．

$(0.625)_{10} \times 2 = (1.25)_{10} (= (1)_2 + (.25)_{10})$ これで，小数点未満の第 1 項の係数 $a_{-1} = 1$ が求められた．

次に，$(.25)_{10} \times 2 = (0.5)_{10} (= (0)_2 + (.5)_{10})$ これで，第 2 項の係数 $a_{-2} = 0$ が求められた．

次は，$(0.5)_{10} \times 2 = (1.0)_{10} (= (1)_2 + (0)_{10})$ これで，第 3 項の係数 $a_{-3} = 1$ が求められた．もう小数点未満には数がないので，終了である．したがって

$$(0.625)_{10} = (0.101)_2 \tag{2.13}$$

となる．

逆に，この2進数が10進数の0.625となることを確認してみよう．式(2.10)にしたがって

$$\begin{aligned}
1\times 2^{-1}+0\times 2^{-2}+1\times 2^{-3} &= 1\times 0.5+0\times 0.25+1\times 0.125\\
&= 0.5+0.125\\
&= 0.625 \tag{2.14}
\end{aligned}$$

となる．

次に，10進数の（数桁で表される）簡単な表現が2進数では正しく表現できない例を示そう．10進数の0.05（現在の消費税率）を同様に2進数変換してみる．

$0.05\times 2=0.1$　第1項の係数は0

$0.1\times 2=0.2$　第2項の係数は0

$0.2\times 2=0.4$　第3項の係数は0

$0.4\times 2=0.8$　第4項の係数は0

$0.8\times 2=1.6$　第5項の係数は1

$0.6\times 2=1.2$　第6項の係数は1

$0.2\times 2=0.4$　第7項の係数は0であるが，再び0.4が出現した，したがって

$$(0.05)_{10} = (0.000\ 0110\ 0110\ 0110\cdots)_2 \tag{2.15}$$

となり，循環小数となる．もし第7項までで打ち切るとすると．

$$\begin{aligned}
&0\times 0.5+0\times 0.25+0\times 0.125+0\times 0.0625+1\times 0.03125+1\times 0.015625\\
&+0\times 0.0078125=0.046875 \tag{2.16}
\end{aligned}$$

となり，$0.05-0.046875=0.003125$と大きな誤差が生じる．このような誤差は，計算機が少ない桁数の2進数を使う限り避けられないものである．このために次のような手段をとっている．

1) 小数点未満の桁数を大きくして，誤差を少なくする（浮動小数点演算）．

2) 2進化10進符号を用い，2進数を使わない．また10進数の演算器を用意して演算速度を速くする（汎用大型機，COBOL言語など）．

3) 小数点を含んだ10進数を10000倍して2進数に変換して演算をする．結果の表示や印刷は10000分の1の値としてもとに戻し，小数点以下4桁を保証する（Visual Basicの通貨型など）．

2)と3)は金利などを意識して，小数点未満の誤差を少なくする方法である．

問 2.5 $(.317)_{10}$ を小数点以下 5 桁の 2 進数と小数点以下 3 桁の 8 進数の両方で表しなさい．また，おのおのの場合に，10 進数に換算して誤差がいくつかを示しなさい．

いままでに検討した小数点未満の正の数では，小数点位置が左端に固定されていた**固定小数点**(fix point)表現である．これに対して，以下に示すように小数点位置が数値の間にあるような固定小数点表現も考えられる．小数点以上 n 桁，少数点以下 m 桁の固定小数点 r 進数は $(a_{n-1}a_{n-2}\cdots a_0.a_{-1}a_{-2}\cdots a_{-m+1}a_{-m})_r (0 \leq a_i \leq r-1)$ のように表記され（ただし，誤解がない場合には $(\cdots)_r$ の表現は省略されることが多い），以下の式によって数 N が表現される．

$$N = (a_{n-1} \times r^{n-1} + a_{n-2} \times r^{n-2} + \cdots + a_1 \times r^1 + a_0 \times r^0 + a_{-1} \times r^{-1} \\ + a_{-2} \times r^{-2} + \cdots + a_{-m} \times r^{-m}) \tag{2.17}$$

[例 2.5] 以下に示される 8 桁の固定小数点 2 進数は，10 進数のいくつに相当するかを求めてみよう．

$$\begin{aligned}(10001.011)_2 &= 1\times 2^4 + 0\times 2^3 + 0\times 2^2 + 0\times 2^1 + 1\times 2^0 + 0\times 2^{-1} + 1\times 2^{-2} + 1\times 2^{-3} \\ &= 1\times(16)_{10} + 1\times(1)_{10} + 0\times(0.5)_{10} + 1\times(0.25)_{10} + 1\times(0.125)_{10} \\ &= (17.375)_{10}\end{aligned} \tag{2.18}$$

問 2.6 以下の 8 桁の 2 進数または 4 進数は，いくつの 10 進数を表しているかを求めなさい．

(a) $(1111.1011)_2$ (b) $(02010.103)_4$

次に，小数点をもつ数の r 進数への変換を考えてみよう．小数点をもつ数 N を，以下のように小数点以上の数 N_U と小数点未満の数 N_L とに分けて考えればよい．

$$N = N_U + N_L \tag{2.19}$$

このとき，N_U については，2.2 節で求めた手法とまったく同様に求められる．また，N_L については，本節で求めた手法で求めればよい．

問 2.7 固定小数点 10 進数 $(139.704)_{10}$ を小数点以上 8 桁，少数点以下 6 桁の固定小数点 2 進数で表しなさい．

2.4.2 浮動小数点表現

計算機の中では，実数はほとんど**浮動小数点数**(floating point number)で表される．浮動小数点数 R は，**仮数部**(mantissa) M と**指数部**(exponent) E を用いて以下のように表される．ここに r は基数である．

2.4 小数点未満の数を含む表現

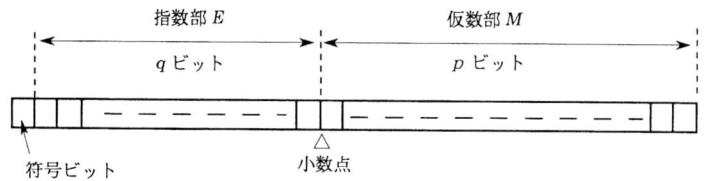

図 2.1 浮動小数点数表現

$$R = M \times r^E \tag{2.20}$$

一般に計算機内部では，M と E はワードやその倍数の長さからなる固定のビット数で表される．M が $(p+1)$ ビット，E が q ビットで表されるときの様子を図 2.1 に示す．ただし，図中に示される最左端の 1 ビットは仮数部の符号ビットである．IEEE 形式などもこの形式であり，符号付き絶対値（正の数も負の数も大きさが同じならば p ビットの表現が同じもの）で仮数部を表すことが多い．この IEEE 形式では，仮数部の絶対値は，常に 1.xxxxxxx の形の数値を表す．この場合，1 を表現することを省略して，.xxxxxxx を図に示すように小数点位置より右側の部分で示す．一般に，M のビット数 $(p+1)$ によって数値の精度が決定され，E のビット数 q によって数値の大きさ（範囲）が決定される．

10 進数でも 2 進数でも同様であるが，一般に浮動小数点数で同じ大きさの数値を表現する場合に，仮数部 M と指数部 E の表現によって各種の表現がある．

［例 2.6］ たとえば 10 進数で示すと，次のように各種の表現がある．

$$\begin{aligned}
& 38506 \times 10 \\
=\, & 385.06 \times 10^3 \\
=\, & .38506 \times 10^6 \\
=\, & .0038506 \times 10^8
\end{aligned} \tag{2.21}$$

仮数部 M の符号付き絶対値表現において，小数点以下のビット数が一定（p ビット）である場合に，小数点以下に 0 がいくつか並んだ表現よりも，そのような位取りのための 0 は使わないで指数も考慮して数値を表現した方が数値の精度が上がる．たとえば上の 10 進数で小数点以下が 5 桁で表されるとき，.0038506 $\times 10^8$ の表現は不可能であり，同じ指数では .00385 $\times 10^8$ となる．この場合に .0000006 は切り落とされ，有効桁数は 3 桁となって，この数値を使って演算を行えば精度が落ちることになる．もし，小数点以下が同じ 5 桁であっても，指数を考慮して .38506 $\times 10^6$ の表現を使えば精度は落ちない．

以上より，一般に仮数部 M のビット数を一杯に使用して数値を表現した方が精度が高くなることになる．ただし，仮数部 M の小数点位置の変動は，指数部 E で十分に対応できる数値範囲を考えている．このような表現は，小数点位置の右隣のビットが 0 でない表現であり，**正規化表現**という．[例 2.6] の場合には，$.38506 \times 10^6$ が正規化表現になる．結局，正規化表現での M の絶対値の範囲は，以下のようになる．

$$r^{-1} \leq |M| < 1 \tag{2.22}$$

IEEE 形式は正規化表現の定義に当てはまらないが，正規化表現を 1 ビット左へシフトし，1 の表現を省略した表現となっている．

問 2.8 1 ワード 32 ビットで浮動小数点数を表現する場合，たとえば仮数部 M が 22 ビットの符号付きの絶対値表現，指数部 E が 10 ビットの 2 の補数などで表される．簡単化のため，ここで対象にする浮動小数点数は $r=2$ で 1 ワード 12 ビットであり，M が 6 ビットの符号付きの絶対値表現，指数部 E が 6 ビットの 2 の補数で表されると仮定する．このとき，正規化表現で表すことができる数値範囲を示しなさい（数値を用いた式で示してよい）．

2.5　2 進化 10 進数

10 進数の各桁の 0 から 9 までの数値を，4 ビットの 2 進数によって表現する表現方法を **2 進化 10 進数**表現（**BCD**：Binary Coded Decimal）という．10 進数の各桁の数値は 0 から 9 までであり，それは 0000 から 1001 までの 2 進数で表すことができるためである．この考えは，計算機の内部は 2 進ではあるが，日常社会で使用される 10 進数をそのまま表現したいことが背景にある．しかし，4 ビットの 2 進数では，10 から 15 までの数値も表すこともできるので，無駄な表現を含む方法であり，そのような意味では効率はよくない．

[**例 2.7**] 以下の 2 桁または 3 桁の 10 進数は，おのおの以下のような BCD 表現となる．

　(a) $(83)_{10} = (1000\ 0011)_{BCD}$　　(b) $(917)_{10} = (1001\ 0001\ 0111)_{BCD}$

2.6　文字や記号の表現

計算機内部では，数値，文字，記号などの一切は，特定な長さのビット列（2

進数) で表されている．k ビットの列からなら集合は，2^k 個の異なるビット列からなるが，おのおののビット列がどの文字や記号に対応するかについて決定した規則 (ルール) を**コード**という．あるコード C で記述されたデータは，そのコード C の下で意味をもつ．したがって，コード C で記述されたデータが多数のユーザから共通に利用されるものであるならば，データがコード C で記述されていることを明確に示すとともに，各ユーザはそのコード C で解釈できる必要がある．少なくとも，コード C とは別なコード体系 C_x を使うシステムによって利用できるためには，コード C とコード C_x の間のデータの変換ができる必要がある．この変換を**コード変換**という．各システムで異なるコードを使っていたのでは，そのたびにコード変換を行うことになり大変であるので，以下に示すようにいくつかの標準な (規格化された) コードが用いられている．なお，一般に m ビットを使って表すコードは，m 単位コードと呼ばれている．

(1) ASCII コード

アメリカで採用した 7 ビットで表す 7 単位コードであり，欧文用のコードとして使われる代表的なものに **ASCII** コードがある．**アスキー** (American Standard Code for Information Interchangeable) コードと呼ばれ，表 2.3 にそれを示す．表に示すように下位 4 ビットの $(b_3b_2b_1b_0)$ と上位 3 ビットの $(b_6b_5b_4)$ の 7 ビットの値によって，その交点に示されている文字や記号などを表している．ASCII コードは 7 単位コードである．この表では，列に，下位 4 ビットの $(b_3b_2b_1b_0)$ の値を 0 から 15 までの 16 進数 (10 から 15 までは A から F によって表現されている) で表し，行に，上位 3 ビットの $(b_6b_5b_4)$ の値を 0 から 7 まで 8 進数で表している．たとえば，上位 3 ビットの $(b_6b_5b_4)$ と下位 4 ビットの $(b_3b_2b_1b_0)$ の組 $((b_6b_5b_4)(b_3b_2b_1b_0))$ が，(30) は数字の 0 を，(7 A) は小文字の z を示す．上位 3 ビットの $(b_6b_5b_4)$ の値が 0 と 1 の行は，NUL, SOH, …などの記号が入っているが，これはタイプライタなどの制御用に用いられている．たとえば，CR は改行を示す．この 7 ビットの ASCII コードとは異なる 8 ビットの 8 単位コード ASCII コードもある．

(2) EBCDIC コード

これは，**エビスディックコード (EBCDIC**: Extended Binary Coded Decimal

表 2.3 ASCII コード

		$b_3 b_2 b_1 b_0$															
		0	1	2	3	4	5	6	7	8	9	A	B	C	D	E	F
	0	NUL	SOH	STX	ETX	EOT	ENQ	ACK	BEL	BS	HT	LF	VT	FF	CR	SO	SI
	1	DLE	DC$_1$	DC$_2$	DC$_3$	DC$_4$	NAK	SYN	ETB	CAN	EM	SUB	ESC	FS	GS	RS	US
b_6	2	SP	!	"	#	$	%	&	'	(	)	*	+	,	−	.	/
b_5	3	0	1	2	3	4	5	6	7	8	9	:	;	<	=	>	?
b_4	4	@	A	B	C	D	E	F	G	H	I	J	K	L	M	N	O
	5	P	Q	R	S	T	U	V	W	X	Y	Z	[	\	]	^	_
	6	`	a	b	c	d	e	f	g	h	i	j	k	l	m	n	o
	7	p	q	r	s	t	u	v	w	x	y	z	{			}	~	DEL

Interchange Code) コードと呼ばれ，下位 4 ビット ($b_3 b_2 b_1 b_0$) と上位 4 ビット ($b_7 b_6 b_5 b_4$) の 8 ビットの値によって各記号や文字などを表している．メインフレーム (大型計算機) や周辺装置などで使用されている 8 単位コードである．

(3) その他のコード

日本では，ASCII コードを拡張した 7 単位 JIS コード，8 単位 JIS コードがあり，16 ビットで漢字も表現できる．一方，Unicode (ユニコード) がアメリカを中心に使われはじめているが，JIS などとの漢字の互換性はまったくない．ネットワークの発達とともに問題になるところである．

問 2.9 表 2.3 の ASCII コードによって，"ASCII" と 5 文字を表現するときのコード列を，各文字を 8 進数と 16 進数の対で表して示しなさい．たとえば文字 A は，(41) と表す．

3 計算機の基本動作

ここでは，計算機の基本的な動作を理解することを目的とする．そのため，情報処理技術者試験でも取り上げられている COMET 計算機を取り上げる．COMET 仕様は主に論理的な命令動作を定めたものであり，具体的なハードウェア構造は定めていない．しかし，本書ではハードウェア動作を理解する目的から，COMET 仕様から導出されるハードウェア構造を定める．このハードウェア構造の上で，命令の動作を明らかにし，基本的なハードウェアの動作を理解する．また，アセンブラ言語 CASL も取り上げる．

3.1 COMET の概要

ここでは，COMET の概要について述べる．この概要により，計算機の基本的な動作を理解する．

3.1.1 計算機処理の流れの概要

計算機を直接動作させる命令は**機械語**という．すなわち，どのような言語で書かれたプログラムも，機械語の列に変換されて実行される．

一つの計算機は，どのような処理を目的とするかによって，それに適したハードウェア動作が決定され，また，そのハードウェア動作をさせるために機械語の命令が決定される．すなわち，一つの機械語の命令は，計算機に指示することができる最小単位のプログラムである．おのおのの計算機は，どのような基本的な動作と機械語の命令の集合があれば適当であるかが決定される．

機械語は，0 と 1 のビットパターンであり，人間がそれを用いてプログラムを書くことは効率も悪いし，わかりにくい．そこで，人間がみてもわかりやすいよ

```
                  ┌─────────────┐
                  │             │
アセンブリ言語プログラム │   アセンブラ   │  機械語プログラム
（ソースプログラム）  ──→│             │──→ （オブジェクトプログラム）
（ソースコード）     │             │   （オブジェクトコード）
                  │             │
                  └─────────────┘
```

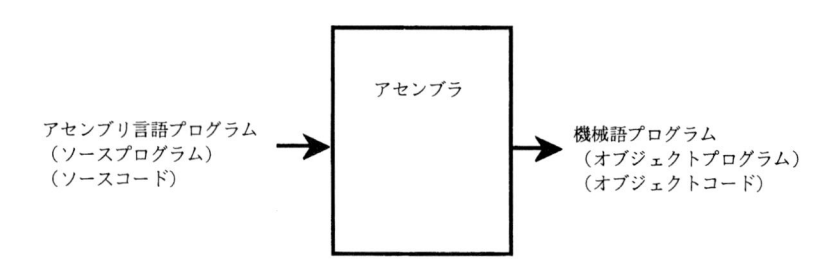

図 3.1 （アセンブラ）プログラム，アセンブラ，機械語の関係

うに，文字や記号を用いた表現であり，かつ，機械語の命令に（ほぼ）1対1に対応する命令の集合として**アセンブリ言語**が考えられた．アセンブリ言語は，機械語の命令に（ほぼ）1対1に対応する命令の集合と，**アセンブラ**（アセンブリ言語で書いたプログラムを処理するプログラム）に指示する命令の集合からなる．このことからアセンブリ言語の各命令は，その計算機に基本的なハードウェア動作を指示するものである．このことから，アセンブリ言語とアセンブラは，機械語が開発されると同時に開発される．

図 3.1 に示すように，アセンブリ言語によって記述されたプログラム（ソースプログラム，ソースコード）は，アセンブラにかけられて機械語プログラム（オブジェクトプログラム，オブジェクトコード）が生成され，その機械語プログラムが実行されることによって，処理結果が得られる．すなわち，アセンブラ（アセンブリ言語を処理するプログラム）は，アセンブリ言語プログラムのプログラム列を解析して，計算機が実行可能な機械語のプログラム列に変換する．機械語プログラムが生成されたならば，あとは計算機でそれを実行すれば結果が得られる．

3.1.2　ハードウェア構造

a.　COMET ハードウェアの概要

　COMET 仕様は命令を中心に論理動作を指定しているが，ハードウェア構造まで指定してはいない．しかし，ここでは理解を深めるため，COMET 仕様から導かれるハードウェア構造の一例を示し，このハードウェア構造について動作を理解する．図 3.2 にその COMET ハードウェアの概要を示す．この回路では，回路動作の理解とバス（BUS_1, BUS_2）の選択が容易なようにセレクタ類（SI_1

~SI_7, SO_1~SO_5) を多く用いている．各回路についてはあとで説明する．

COMET は 1 ワードが 16 ビットからなる．また，メモリのアドレスも 16 ビットで与えられる．したがって，記憶領域は，0~65535 のアドレスによって与えられる．アドレスやデータの情報は，16 本の信号線によって並列に伝送される．また，図中の ALU, GR0~GR4, R, PC, M, MAR, MDR, IR はすべて 16 ビット幅である．

16 ビットの 2 進数データは，2 の補数表現によって表される．1 ワード中で最も左のビットは最上位ビット (MSB: Most Significant Bit)，最も右のビットは最下位ビット (LSB: Least Significant Bit) である．MSB は符号ビットでもある．以下に各部の回路の概要を述べる．

レジスタ (R)：ALU の演算結果出力を一時的に保存する記憶素子である．

算術演算回路 (ALU)：ALU の入力となる二つの 16 ビット幅のバス (BUS_1, BUS_2) へデータが入ると，SI_6, SI_7 を通して ALU へデータが入り，CONT から指定された演算 (加算，減算，論理，シフトの演算；表 3.1 参照) を行い，16 ビット幅のレジスタ (R) へ結果を出す．また，演算結果により，フラグ (FR) も設定する．

フラグレジスタ (FR)：2 ビットからなるレジスタであり，データ設定命令も

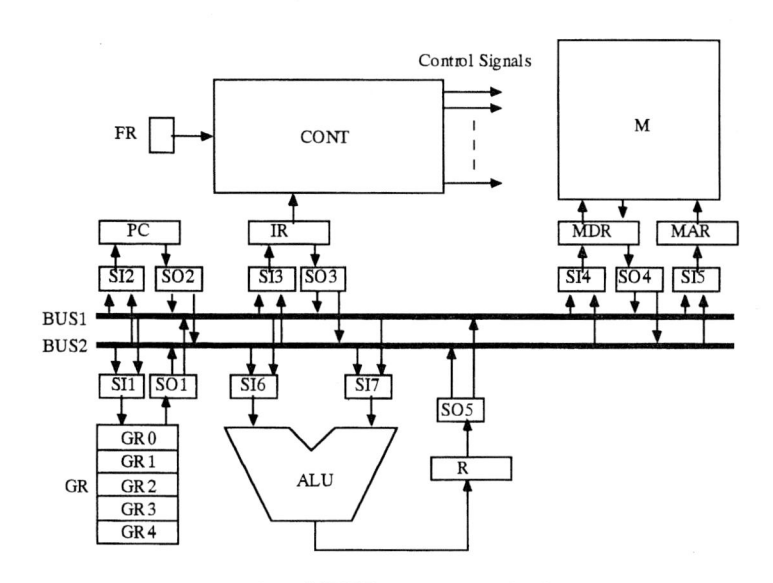

図 3.2 COMET ハードウェアの概要

含めて演算命令の結果により，値を設定して保持する（表 3.1 のフラグ列参照）．フラグは信号旗のことであり，分岐命令は，この旗の値を分岐条件としている．

汎用レジスタ (GR0〜GR4)：5 個の 16 ビット幅の汎用レジスタであり，入力した値をそのまま保持する．0〜4 の番号が付けられている．GR4 は，スタックポインタ (SP : Stack Pointer, 後述) として用いられる．また，GR0 はインデックスレジスタ (XR : Index Register, 後述) として用いられない．

メモリアドレスレジスタ (MAR)：メモリ (M) へアドレスを与えるための 16 ビットレジスタである．

メモリデータレジスタ (MDR)：メモリ (M) への書き込み，または M から読み出したデータを保存する 16 ビットレジスタである．

メモリ (M)：1 ワードは 16 ビット幅で，アドレスが 0〜65535 からなる記憶回路である．MAR でアドレスを，MDR でデータを与え，ライト制御信号を与えると書き込む．また，MAR でアドレスを与え，リード信号を与えると MDR へ記憶内容を読み出す．

命令レジスタ (IR)：メモリ (M) から 1 ワード目の命令が MDR へ読み出され，さらに MDR から転送されたデータを記憶するレジスタが IR である．2 ワード命令の 2 ワード目のオペランドはメモリ (M) から読み出されて MDR に残ることに注意を要する．

プログラムカウンタ (PC)：次に読み出す命令のメモリアドレスを示す 16 ビットレジスタである．値の保存のほかに，値を一つだけ増加させるインクリメンタ機能がある．

制御回路 (CONT)：計算機の中の一切の動作の指示を与える回路である．計算機の中で，各回路が信号を発するとか，データを新しくセットして記憶するとか，どの演算を行うとかの一切の動作は，クロック信号に同期して与えられる制御信号に基づいている．したがって，計算機内の各部分回路には，その回路のための制御信号が入力されている．COMET 中の一切の動作のための制御信号を生成しているのがこの制御回路 (CONT) であり，命令，フラグを入力として制御用の出力信号を生成している．すなわち，CONT は COMET 計算機の中枢回路ともいえる．命令，フラグを入力として，クロックに同期して次々に制御信号を発する．図 3.2 には，制御信号などは詳しくは記されていないが，ほとんどの部分回路へは，CONT から制御信号が送られている．

バス (BUS_1, BUS_2)：16 ビット幅のデータの転送通路である．BUS は英語では乗合自動車の意味である．共通に利用される類似性からこのように呼ばれる．

入力セレクタ ($SI_1 \sim SI_7$)：二つのバスのいずれかを選ぶ入力用のセレクタである．どちらのバスを選ぶかは命令に基づいて CONT より与えられる．

出力セレクタ ($SO_1 \sim SO_5$)：二つのバスのいずれかを選ぶ出力用のセレクタである．どちらのバスを選ぶかは命令に基づいて CONT より与えられる．バスへの出力はトライステートバッファと呼ばれる回路（ゲート）によってなされる．これは，未使用のときは電気的にバスから切り離すことができる回路である．

クロック回路：図 3.3 に示す波形を生成する回路である．図 3.2 には，クロック発生回路やクロック信号線は記入されていない．レジスタ類がある回路へは必ずクロック信号線が入力されている．

b. クロックとマシンサイクル

計算機内の各命令の動作は，いくつかの基本的なハードウェア動作の系列（シーケンス）からなっている．そのハードウェア動作のシーケンスは，命令を入力とする制御回路 (CONT) によって決定され，クロック信号に同期して時間的に規則正しく移る．計算機内の各部の回路は，定められた時間内に，回路内部の対象とする信号伝搬動作が終了するように設計される．各基本的なハードウェア動作は，図 3.3 に示す時間的に規則正しい周期波形である**クロック波形**に同期して動くように設計される．本書では簡単化のためクロック波形は 1 種類のみ（単相クロック）とする．

本章では，基本的なハードウェア動作はクロック波形の立ち上がり時点 t_i で開始し，t_{i+1} までにあるいは t_{i+1} に完了する（完了するように設計される）．計算結果やデータの転送結果を**ラッチ** (latch) する場合は，t_{i+1} のタイミングで指定のレジスタへ取り込まれると考える．すべてのレジスタ類は，t_i の直前の入力の値を t_i 以後 t_{i+1} まで出力する．図の矢印で示す t_i から t_{i+1} までの 1 周期（期間）を t_i の**マシンサイクル**や t_i の**クロックサイクル**あるいは単に t_i のサイクルと呼ぶ．

図 3.2 の回路においては，以下に示す動作は，1 マシンサイクルによって完了するように設計される．

(1) レジスタ類からレジスタ類へのデータ転送．

(2) レジスタ類から出たデータが SO_i, SI_j, ALU を通過して，演算結果が R

およびFRへセットされること，

(3) メモリMからMARのアドレスの内容を読み出してMDRへセットする．または，MDRにある内容をMARが示すアドレスへ書き込むこと．

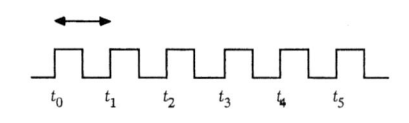

図3.3 クロック波形とマシンサイクル

c. 命令フェッチ

ここでは，すべての命令について共通の命令フェッチサイクルのタイミングとそのハードウェア動作について説明する．命令フェッチとは，次に実行する命令をメモリから読み出してくる操作をいう．各命令のフェッチ後のタイミングとそのハードウェア動作については，3.3節の各命令の説明の中で述べる(表3.1のタイミングと動作の列参照)．

すべての命令に共通の命令フェッチサイクルのタイミングは，以下に示す t_0 ~ t_2 のサイクルであり，各命令の固有の動作は t_3 からあとの数サイクル (t_3 ~ t_7 まで) で行われる．t_3 以後のサイクル数は，命令によって異なる．また，一つの命令が実行を終了するときは，必ず t_0 へ戻る．ただし，命令の最後のサイクルのはじめの立ち上がり時点を t_e，終わりの立ち上がり時点を t_{e+1} とするとき，t_e と t_0 とが一致するタイプと，t_{e+1} と t_0 とが一致するタイプとの二つのタイプがある．前者の命令タイプについては，表3.1の各命令の右列に示すタイミングと動作の最後のサイクルに $t_e(t_0)$ の記号を入れてある (後者のタイプには括弧の記入がない)．なお，表3.1の最下段に示すマクロ命令中のINとOUT命令は，3ワード命令である (他のすべての命令は2ワード命令)．すなわち，INとOUT命令のフェッチサイクルは t_0 ~ t_2 では終了しないが，このサイクルまでは他の命令と同じ動作をし，t_3 以後のサイクル (他の命令の実行サイクル) によって，3ワード目をフェッチしてくると考える．

命令フェッチサイクルを含み一切の進行順序の決定は，CONTによって行われており，そのための制御信号がCONTから発せられている．以下では，各マシンサイクルの動作を説明する．また，t_0 ~ t_3 での動作の**タイムチャート**を図3.4に示す．t_i サイクルの動作はクロック波形の立ち上がり時点 t_i で始まって，t_{i+1} のクロック波形の立ち上がりで終了する (結果を導く動作を t_i で始めて t_{i+1} で結果を出す) ことに注意しなさい．図の中のPC, MAR, MDR, IRの行において，t_i より後 (右側) の部分に2本の線で記されている箇所は，その時刻では

3.1 COMET の概要

表 3.1 COMET の命令

命令の種類	命令記号	オペランド	命令の動作結果	フラグ (FR)	タイミングと動作(フェッチサイクル t_0~t_2 終了後の動作)
メモリ転送命令	LD	GR, adr [, XR]	GR ← M (EA)		t_3: R ←(EA の計算), t_4: MAR ← R, t_5: MDR ← M, $t_6(t_0)$: GR ← MDR
	ST		M (EA) ← GR		t_3: R ←(EA の計算), t_4: MAR ← R, MDR ← GR, $t_5(t_0)$: M ← MDR
データ設定命令	LEA	GR, adr [, XR]	GR ← EA	GR の内容が 負 → 10 零 → 01 正 → 00	t_3: R ←(EA の計算) $t_4(t_0)$: GR ← R
算術演算命令	ADD	GR, adr [, XR]	GR ← GR+M (EA)	演算結果の GR の内容が 負 → 10 零 → 01 正 → 00	t_3: R ←(EA の計算) t_4: MAR ← R t_5: MDR ← M t_6: R ← GRj+MDR (ADD の場合) : R ← GRj−MDR (SUB の場合) : R ← GRj・MDR (AND の場合) : R ← GRj+MDR (OR の場合) : R ← GRj⊕MDR (EOR の場合) : R ← GRj−MDR (CPA の場合) : R ← GRj−MDR (CPL の場合) $t_7(t_0)$: GRj ← R (CPA, CPL を除く. CPA, CPL は $t_6(t_0)$ までで終了)
	SUB		GR ← GR−M (EA)		
論理演算命令	AND	GR, adr [, XR]	GR ← GR・M (EA)		
	OR		GR ← GR+M (EA)		
	EOR		GR ← GR⊕M (EA)		
比較命令	CPA	GR, adr [, XR]	GR−M (EA)	比較結果の内容が 負 → 10 零 → 01 正 → 00	
	CPL		GR−M (EA)(異なる最上位ビットのみ比較)		
シフト命令	SLA	GR, adr [, XR]	GR ← GR を EA だけ左シフト (MSB 除く) 右からは 0 が入る.	演算結果の GR の内容が 負 → 10 零 → 01 正 → 00	t_3: R ←(EA の計算) t_4: R ← GRj を (R) だけシフト (シフト内容は命令によって異なる) $t_5(t_0)$: GRj ← R
	SRA		GR ← GR を EA だけ右シフト. 左からは MSB が入る.		
	SLL		GR ← GR を EA だけ左シフト. 右からは 0 が入る.		
	SRL		GR ← GR を EA だけ右シフト (MSB 含む) 左からは 0 が入る.		
分岐命令	JPZ	adr [, XR]	PC ← EA (00, 01)	分岐のフラグ条件 JPZ 00, 01 JMI 10 JNZ 00, 10 JZE 01 JMP 無条件	t_3: R ←(EA の計算) t_4: PC ← R
	JMI		PC ← EA (10)		
	JNZ		PC ← EA (00, 10)		
	JZE		PC ← EA (01)		
	JMP		PC ← EA		
スタック用命令	PUSH	adr [, XR]	SP ← SP−1, M (SP) ← EA		t_3: R ←(EA の計算) t_4: MDR ← R, R ← GR4−1 t_5: MAR ← R, GR4 ← R $t_6(t_0)$: M ← MDR
	POP	GR	GR ← M (SP), SP ← SP+1		t_3: MAR ← GR4, R ← GR4+1 t_4: MDR ← M, GR4 ← R $t_5(t_0)$: GRj ← MDR
サブルーチン用命令	CALL	adr [, XR]	SP ← SP−1, M (SP) ← PC, PC ← EA		t_3: R ← GR4−1, MDR ← PC t_4: GR4 ← R, MAR ← R t_5: M ← MDR, R ←(EA の計算) t_6: PC ← R
	RET		PC ← M (SP), SP ← SP+1		t_3: MAR ← GR4, R ← GR4+1 t_4: MDR ← M, GR4 ← R t_5: PC ← MDR
マクロ命令	IN	LAB1, LAB2	OS によるデータ入力		t_3: MAR ← PC, PC ← PC+1 t_4: MDR ← M t_5: IR ← MDR t_6: OS による入力操作
	OUT	LAB1, LAB2	OS によるデータ出力		t_3: MAR ← PC, PC ← PC+1 t_4: MDR ← M t_5: IR ← MDR t_6: OS による出力操作
	EXIT		OS への終了通知		

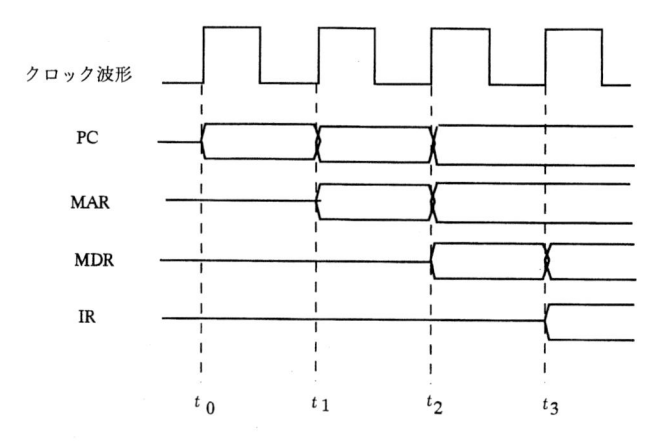

図 3.4 $t_0 \sim t_3$ での動作のタイムチャート

データ (値) が確定していることを示す．

t_0：第 1 ワード用のメモリアドレス (プログラムカウンタ PC の値) を MAR へ送出すると同時に PC の値を一つ増加させる (次のワードを読み込む準備)．PC の値は $SO_2 \to BUS_1$ (or BUS_2) $\to SI_5$ を通って MAR へ送られる．MAR ← PC, PC ← PC+1 (上の説明の動作をこのように略記する)

t_1：メモリから第 1 ワード用のデータを MDR へ読み出すと同時に第 2 ワード用のメモリアドレス (PC の値) を MAR へ送出する．また同時に PC の値を一つ増加させる (次のワードを読み込む準備)．
MDR ← M, MAR ← PC, PC ← PC+1

t_2：読み出したデータを命令レジスタ IR へ転送する．同時に第 2 ワード用のデータを MDR へ読み出す．
IR ← MDR, MDR ← M

問 3.1 t_1 のサイクルでは，MDR ← M, MAR ← PC, PC ← PC+1 の三つの動作がなされており，データが BUS_1 または BUS_2 の中を動く．t_1 サイクルのどのタイミング (t_1 サイクルの最初の立ち上がり t_1 と最後の立ち上がり t_2) で，CONT から MDR, PC, SO_2, SI_5, MAR へどのような制御信号が送られるかを示しなさい．

3.2 COMETの命令の概要

この節では COMET の命令の概要について説明する．詳しい説明は 3.3 節でなされる．

命令語は 2 ワードからなる (3 ワードのマクロ命令は特別に考える)．次の命令動作に入る際には，必ずメモリ (M) から 2 ワードからなる命令語が読み出され，1 ワード目の 16 ビットは IR へ，2 ワード目の 16 ビットは MDR へ転送される．これは前節で示したように t_0~t_2 のサイクルでなされる．図 3.5 に示すように，1 ワード目 ($w_{1,0}$~$w_{1,15}$) は，**命令コード**部 (OPCD : 0~7 の 8 ビット)，汎用レジスタの指定領域 (GR : 8~11 の 4 ビット)，インデックスレジスタ指定領域 (XR : 12~15 の 4 ビット) であり，2 ワード目 ($w_{2,0}$~$w_{2,15}$) のすべて (adr : 0~15 の 16 ビット) は，2 進数でアドレスデータを与えたりする．

GR 部の汎用レジスタの指定領域では，0~4 の番号によって，GR0~GR4 を指定する．

インデックスレジスタは，表記上では記号 XR が用いられているが，実際には汎用レジスタ (GR1~GR4) を指し，その指定には 1~4 の番号が用いられる．

多くの命令では，命令語の XR 部と adr 部から，**実効アドレス** (EA (Effective Address) と記す) が計算される．この EA の計算は，フェッチサイクルが終了後にただちに始まり，t_3 の 1 サイクルで終了する．この EA の値は，メモリのアドレスを指すだけでなく，汎用レジスタへセットする内容 (値) を示したり (LEA 命令)，シフトのためのビット数を与えたり (シフト命令)，PC への書き込みデータを示したり (分岐命令，CALL 命令)，メモリへ書き込むためのデータを示したり (PUSH 命令) し，命令によって意味が異なるので注意を要する (表 3.1 のタイミングと動作の列参照)．

	0	7 8	11 12	15
1ワード目($w_{1,0}$~$w_{1,15}$)	OPCD	GR	XR	

	0	15
2ワード目($w_{2,0}$~$w_{2,15}$)	adr	

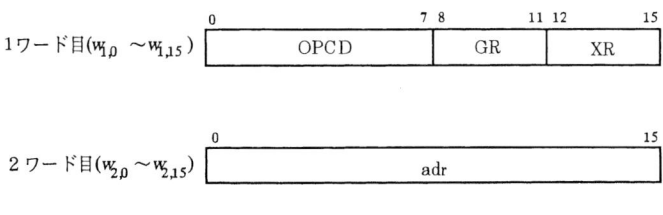

図 3.5 命令語

adr は**ラベル名**か 10 進定数または # で始まる 16 進定数で与える．10 進定数で与える場合はその値であり，ラベル名で与える場合はそのラベル名を**ラベル欄**としてもつ行の番地を指す（この場合の番地への変換はアセンブラによってなされ，実行時にはすでに番地が代入されている）．このことから，EA の計算には，メモリからデータを読み出す操作も必要とせずに，t_3 の 1 サイクルで終了する．

EA が adr のみで与えられる場合は EA は adr の値，すなわち，EA＝adr であり，EA が adr と XR で与えられる場合は，adr の値と XR に書かれている内容との和の値，すなわち，EA＝adr＋(XR) である．

命令コード部（OP：0〜7 の 8 ビット）を除いて，命令の**オペランド部**の表現は，以下の (1)〜(5) のいずれかの形である（表 3.1 のオペランドの列参照）．ここで，[ ] の部分は省略可能な部分である．すなわち，[ ] がない場合は，インデックスレジスタを使わない場合である．(5) は，特別な 3 ワードのマクロ命令の場合であり，LAB1, LAB2 はラベル名である．

- (1) GR, adr [, XR]   （多くの命令はこの形）
- (2) adr [, XR]   （分岐命令，PUSH 命令）
- (3) GR   （POP 命令）
- (4) なし   （RET 命令）
- (5) LAB1, LAB2   （IN, OUT 命令）

3.3 各命令の説明

この節では，COMET の各命令について機能を説明する．また，おのおのの命令のハードウェア動作であるタイミングと動作も述べる．表 3.1 の最後のマクロ命令については 3.4 節で述べる．

3.3.1 メモリ転送命令

a. 命令記号（読み方）
  LD（LoaD）
  ST（STore）

b. タイミングと動作
  LD

t_3 : R ← (EA の計算)
t_4 : MAR ← R
t_5 : MDR ← M
$t_6 (t_0)$: GR ← MDR

t_3 では，EA の計算を開始し，その結果をいったん R へセットする．このセットは，t_4 の立ち上がりでなされることに注意しなさい．これらの動作の開始とラッチのタイミングについては他の命令の場合も同様である．この命令の場合には，最後の t_6 のサイクル開始時点 (t_6 のタイミング) は，次の命令のフェッチサイクルのはじめの t_0 の時点でもあることに注意しなさい．

ST

t_3 : R ← (EA の計算)
t_4 : MAR ← R, MDR ← GR
$t_5 (t_0)$: M ← MDR

c. 動作の説明

二つの命令ともに，メモリと汎用レジスタとの間のデータ転送を指示する命令である．

LD 命令はメモリから汎用レジスタへデータを読み込んでくる命令であり，実効アドレスで示すメモリ番地の内容を，指定する汎用レジスタへ転送する．

ST 命令は，LD 命令と逆の関係であり，汎用レジスタの内容をメモリへ書き込む．指定する汎用レジスタの内容を，実効アドレス番地で示すメモリのアドレスへ書き込む．

[例 3.1]

(1) LD GR3, 1025

1025 番地の内容を GR3 へ読み込む (転送する)．

以下に，t_3〜t_6 のサイクルの動作をもう少し詳しく述べる．各サイクルではこのような動作ができるように CONT から制御信号が出されている．命令の第 2 ワード目がある MDR に 1025 の値が入っていることに注意しなさい．t_3 では ALU へ加算をするための制御信号が与えられる．

t_3 : MDR → SO_4 → BUS_1 (or BUS_2) → SI_6 (or SI_7) → ALU → R
t_4 : R → SO_5 → BUS_1 (or BUS_2) → SI_5 → MAR
t_5 : M(1025) → MDR

$t_6(t_0)$: MDR $\to$ SO$_4$ $\to$ BUS$_1$ (or BUS$_2$) $\to$ SI$_1$ $\to$ GR3

(2) LD GR3, 1024, GR1

　{1024+(GR1)} 番地の内容を GR3 へ読み込む．(GR1) は，GR1 の内容を指す（注意：LD GR3, GR1 という命令語の形式はない．もしこのように記述した場合は，GR1 はラベルとして解釈される）．

(3) LD GR3, LAB1

　LAB1 をラベルにもつ番地を GR3 へ読み込む．

(4) LD GR3, LAB1, GR2

　LAB1 をラベルにもつ番地と GR2 の内容とが加算されて実行アドレス EA が求められ，EA の値をアドレス番地とするメモリ内容が GR3 へ読み込まれる．

(5) ST GR0, 28

　GR0 の内容を 28 番地へ書き込む．

(6) ST GR1, 28, GR2

　GR1 の内容を {28+(GR2)} 番地へ書き込む．

3.3.2 データ設定命令

a. 命令記号（読み方）

　LEA (Load Effective Address)

b. タイミングと動作

　　t_3 : R $\leftarrow$ (EA の計算)

　　$t_4(t_0)$: GR $\leftarrow$ R

c. 動作の説明

　実行アドレス値を GR に設定する命令である．「アドレス」の用語を用いているが，アドレスとは限らないことに注意しなさい．メモリからデータを読み込まずに直接にデータを与える命令といえる．

[例 3.2]

(1) LEA GR2, 0, GR3

　GR3 の内容 (0+(GR3)) を GR2 へ転送する．

(2) LEA GR1, n

　GR1 に値 n をセットする．

(3) LEA GR1, 1, GR1 および LEA GR1, -1, GR1

これはよく使われる命令で前者は GR1 を 1 増し，後者は 1 減少させる．プログラムの繰り返し部分のカウンタとしてよく使われる．

3.3.3 算術演算命令
a. 命令記号（読み方）
　ADD (ADD)
　SUB (SUBtract)

b. タイミングと動作
　　t_3：R ← (EA の計算)
　　t_4：MAR ← R
　　t_5：MDR ← M
　　t_6：R ← GRj + MDR (ADD の場合)
　　　　：R ← GRj − MDR (SUB の場合)
　　$t_7(t_0)$：GRj ← R

c. 動作の説明

オペランド部で示す汎用レジスタ GRj の内容へ(から)，実行アドレスの値で示すメモリ番地に書かれている内容を加算(減算)し，結果を GRj へ入れる．

[例 3.3]
　(1) ADD GR0, 256
　　256 番地の内容を GR0 へ加える．
　(2) SUB GR1, LAB1, GR2

LAB1 をラベルとする番地と GR2 の内容を加え，その値 (EA) を番地とするメモリ内容を GR1 から引く．LAB1 から連続した番地のメモリ中にあるデータの何番目かのデータを指定する場合によく使われる．GR2 の値が行列の添え字に相当する．

3.3.4 論理演算命令
a. 命令記号（読み方）
　AND (AND)
　OR (OR)
　EOR (Exclusive OR)

b. タイミングと動作

t_3 : R ←（EA の計算）
t_4 : MAR ← R
t_5 : MDR ← M
t_6 : R ← GRj・MDR（AND の場合）
　　 : R ← GRj＋MDR（OR の場合）
　　 : R ← GRj⊕MDR（EOR の場合）
$t_7 (t_0)$: GRj ← R

c. 動作の説明

表3.2　AND, OR, EOR の論理演算

$x\ y$	AND	OR	EOR
0 0	0	0	0
0 1	0	1	1
1 0	0	1	1
1 1	1	1	0

　三つの論理演算は，0から15までのビットごとにおのおの行う．オペランド部で示す汎用レジスタ GRj の内容と，実行アドレスの値で示すメモリ番地に書かれている内容を論理演算し，結果を GRj へ入れる．論理値 x, y に対する AND, OR, EOR の論理演算結果は，表3.2 に示す通りである．

［例 3.4］

(1) 1000 番地の内容：1011 0100 1110 0010
　　　GR3 の内容：0110 0010 1011 0100

であるとき，おのおのの命令の結果は，以下の矢印の右側となる．

　AND GR3, 1000 → GR3 の内容：0010 0000 1010 0000
　OR GR3, 1000　 → GR3 の内容：1111 0110 1111 0110
　EOR GR3, 1000 → GR3 の内容：1101 0110 0101 0110

3.3.5　比較命令

a. 命令記号（読み方）

CPA (ComPare Arithmetic)
CPL (ComPare Logical)

b. タイミングと動作

t_3 : R ←（EA の計算）
t_4 : MAR ← R

t_5 : MDR ← M
$t_6(t_0)$: R ← GRj−MDR (CPAの場合)
　　　　: R ← GRj−MDR (CPLの場合)

c. 動作の説明

　CPAでは，GRjと(EA)を符号ビットも含んだ16ビットの2の補数として解釈して，GRjと(EA)を比較し，その結果をフラグ(FR)に残す．また，CPLでは，GRjと(EA)を符号ビットも含んだ16ビットの2進数(正の数のみ)として解釈して，GRjと(EA)を比較し，その結果をフラグ(FR)に残す．どちらも比較演算は，GRj−(EA)を実行すると解釈してよい．CPAでは数値の比較，CPLではアドレス情報や文字データの比較に利用できる．演算結果をGRjへ移すなどの命令ではないので，GRjの内容は変わらない．

　フラグの値についてここで述べておこう．データ設定命令(LEA)，算術演算命令，論理演算命令，比較命令，シフト命令によって，フラグは設定される．この中で，比較命令以外のすべての命令は演算結果をGRjへ残し，そのGRjの演算結果の値によってフラグを設定している．すなわち，GRjの内容を16ビットの2の補数による数とみて負，零，正であるかによって，以下のように設定する．

　　　　　　　負→10, 零→01, 正→00

比較命令のCPAでは，GRj−(EA)を，2の補数による数とみて，この結果に対して同様に，上のフラグ設定を行う．ところが，比較命令のCPLでは，GRjと(EA)を16ビットの2進数(正の数のみ)とみて，以下のようにフラグ設定を行う．

$$\text{GRj} < (\text{EA}) \rightarrow 10$$
$$\text{GRj} = (\text{EA}) \rightarrow 01$$
$$\text{GRj} > (\text{EA}) \rightarrow 00$$

[例 3.5]

(1) 1000番地の内容：1011 0100 1110 0010
　　　GR3の内容：0110 0010 1011 0100

であるとき，おのおのの命令の実行のあと，フラグF_1F_2は以下の矢印の右側となる．

$$\text{CPA GR3, 1000} \rightarrow F_1F_2 = 00$$
$$\text{CPL GR3, 1000} \rightarrow F_1F_2 = 10$$

3.3.6 シフト命令
a. 命令記号(読み方)

SLA (Shift Left Arithmetic)

SRA (Shift Right Arithmetic)

SLL (Shift Left Logical)

SRL (Shift Right Logical)

b. タイミングと動作

t_3：R ← (EA の計算)

t_4：R ← GRj を R の内容だけシフト（シフト内容は命令によって異なる）

$t_5(t_0)$：GRj ← R

c. 動作の説明

EA の値だけ（メモリアドレスではない），GRj をシフトする命令である．四つの異なる命令は，シフトの方向が左か右か，符号ビットを含めるか含めないかによる違いである．

SLA は，GRj の符号ビットを除いて（符号ビットはそのまま残す）EA の値だけ左にビット数をシフトする．左にシフトしてなくなる右側へは 0 を入れる．シフト数を n とすると 2^n 倍の計算を行うことになる．

SRA は，GRj の符号ビットを除いて（符号ビットはそのまま残す）EA の値だけ右にビット数をシフトする．右にシフトしてなくなる左側（符号ビットの右隣）へは符号ビットを入れる．シフト数を m とすると 2^{-m} 倍の計算を行うことになる．SLA も SRA も符号ビットが保存されるので，"算術"(Arithmetic) の言葉が付く．数値の桁を変えるのに簡便な命令である．

SLL (SRL) は，符号ビットも含めて，EA の値だけ左（右）にビット数をシフトする．左（右）にシフトしてなくなる LSB (MSB) ビット位置へは 0 が入れられる．

[例 3.6]

(1) GR1 の内容：0000 0000 0000 0101

　　GR2 の内容：1110 0010 1011 0100

であるとき，おのおのの命令の実行の後，GR2 の内容は以下の矢印の右側となる．

　　　SLA GR2, GR1 → 1101 0110 1000 0000

SRA GR2, GR1 → 1111 1111 0001 0101
SLL GR2, GR1 → 0101 0110 1000 0000
SRL GR2, GR1 → 0000 0111 0001 0101

3.3.7 分岐命令

a. 命令記号 (読み方)

JPZ (Jump on Plus or Zero)
JMI (Jump on MInus)
JNZ (Jump on Non Zero)
JZE (Jump on ZEro)
JMP (unconditional JuMP)

b. タイミングと動作

t_3 : R ← (EA の計算)
t_4 : PC ← R

c. 動作の説明

条件によってプログラムの流れを変えるときに用いる命令である．したがって，この分岐命令の前に，条件が成立するかどうかの判定材料として，フラグが設定できる演算を行う．保存されているフラグの内容によって，分岐(ジャンプ)する条件が異なることから五つの異なる命令となっている．ただし，JMP命令はフラグの値に関係なく，無条件でジャンプする分岐命令である．分岐先のアドレスは，(EA) によって与えられる．おのおのの分岐命令は，表3.3示す条件によって分岐する．

表3.3 分岐命令の分岐条件 (F_1F_2 の値)

分岐命令	分岐条件
JPZ	00, 01
JMI	10
JNZ	00, 10
JZE	01
JMP	無条件

3.3.8 スタック用命令

a. 命令記号 (読み方)

PUSH (PUSH)
POP (POP)

b. タイミングと動作

PUSH
- t_3 : R ← (EA の計算)
- t_4 : MDR ← R, R ← GR4−1
- t_5 : MAR ← R, GR4 ← R
- $t_6(t_0)$: M ← MDR

POP
- t_3 : MAR ← GR4, R ← GR4+1
- t_4 : MDR ← M, GR4 ← R
- $t_5(t_0)$: GRj ← MDR

c. 動作の説明

スタックとは，記憶されているデータの中で，最も最近に(後に)記憶された内容が，最も先に(次に)読み出されるデータ構造をいう．これを LIFO (Last In First Out) と呼ぶ．このようなデータ構造は，データや構造を順序よく記憶し，取り出す場合に利用される．

COMET では，**スタックポインタ** (SP) は，GR4 であり，GR4 の内容が，スタックの一番上のアドレスを指している．したがって，PUSH 命令を実行すると SP から 1 を引いて SP ← SP−1 とする．また，アドレスが SP−1 のメモリへは，EA の値が書き込まれる．

POP 命令は，PUSH 命令と逆の関係であり，POP 命令を実行するとスタックの一番上のデータ(GR4 で示すアドレスの内容)を GRj へセットし，SP が 1 加算されて SP ← SP+1 とする．

なお，GR4 の内容を変更して，任意の番地に保存や取り出しもできる．

[例 3.7]

(1) 自動車のエンジンルームの奥まった箇所にある部品 P が故障した．P を新しいものと交換すれば正常に戻ることがわかっているとする．修理は，大小さまざまある多くのネジなどを外して部品を次々に順に取り払い，P を新品と交換して，外した部品を逆の順に取り付けていけばよい．この場合に，はずしていく順に，どこをどのようにはずしたかを順番とともに記憶し(メモをとり)，P の交換のあとは，順番を逆に記憶した内容に基づいて取り付けていけばよい．この場合の順番と記憶(メモ)は，正にスタック構造である．

3.3 各命令の説明

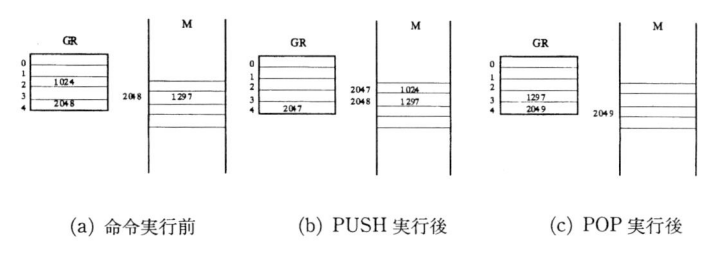

(a) 命令実行前　　(b) PUSH 実行後　　(c) POP 実行後

図 3.6　命令実行前と実行後の汎用レジスタとメモリ内容

(2) 図 3.6(a) に示す汎用レジスタとメモリ内容であるとする．このとき，以下の PUSH 命令，および POP 命令を実行したあとの，汎用レジスタとメモリ内容は，おのおの図 3.6(b)，(c) のようになる．

PUSH 命令　　PUSH 0, GR2
POP 命令　　　POP GR3

3.3.9　サブルーチン用命令

a.　命令記号 (読み方)

CALL (CALL subroutine)

RET (RETern from subroutine)

b.　タイミングと動作

CALL

t_3 : R ← GR4−1, MDR ← PC

t_4 : GR4 ← R, MAR ← R

t_5 : M ← MDR, R ← (EA の計算)

t_6 : PC ← R

RET

t_3 : MAR ← GR4, R ← GR4+1

t_4 : MDR ← M, GR4 ← R

t_5 : PC ← MDR

c.　動作の説明

サブルーチン用命令である CALL, RET 命令は，PUSH, POP 命令と同様にスタック構造のデータを扱う点で非常に似ている．しかし，PUSH, POP 命令

は，CALL, RET 命令を含んだ，より一般的な命令といえる．CALL, RET 命令の場合もスタック構造であるが，スタックへ書き込まれるデータがプログラムの戻り番地であり，このような意味で専用化されたものである．

サブルーチンとは，頻繁に使われるプログラム（たとえば三角関数や指数計算プログラム）などですでに作成してあり，特定なアドレス（SA とする）に配置されて記憶されている．したがって，一般ユーザは，アドレス SA を指定することによってこのプログラムを使用することができる．高級言語の場合には，実際にはこの操作はコンパイラ（リンケージエディタ）がやってくれ，ユーザは，関数記号などで記述すればよい．問題は，分岐した先のサブルーチンが終了して本プログラムへ戻ってくるメカニズムが必要である．すなわち，サブルーチンが終了したら，CALL 命令が入っていたアドレス（すなわち PC の値）の次の命令を実行できるようにできればよい．そのアドレスは PC+2 の値であり，これをスタックに保存する（SP も SP+2 とする）．RET 命令を SP の示すスタックからデータを PC へセットして実行する命令とすれば，サブルーチン終了時に RET 命令を実行することによって，本プログラムへ戻ることができる（サブルーチンの最後には必ず RET 命令が付けられている）．

このようなスタック構造とすることによって，プログラム中にいくつのサブルーチンがあっても，またサブルーチン中にサブルーチンがあっても，さらにそれらが何重に重なっていても，もとのプログラムへ戻ってくることができる．

サブルーチンに限らず，割り込み処理プログラムの場合も同様である．すなわち，実行していた処理（プログラム）P_i をいったん中断して他の処理 P_{i+1} の実行に移るような流れが次々に発生する場合がある．処理 P_{i+1} が終わったならば，処理 P_i を中断した箇所から引き続いて実行する場合の戻りアドレスの記憶構造としてスタックを使えば，処理（プログラム）P_i を正しく終了することができる．

[例 3.8]

(1) CALL 命令は，この命令が出てきたときの PC+2 の値をスタックへ記憶するので，プログラムを書くときには PC の値を知る必要はない．すなわち，プログラムは，メモリ上のどこに配置されても正しく実行できることになる．考えてみるとこの利点はかなり大きなものである．

問 3.2 [例 3.1] の (4) で示した命令 LD GR3, LAB1, GR2 では，$t_3 \sim t_6$ の各サイクルでは，どのような動作が行われるように CONT から制御信号が出ているかについて，図 3.2 を用いて説明しなさい．

問 3.3 ADD 命令について，$t_3 \sim t_7$ のタイミングチャート図を示しなさい．

問 3.4 GR3 の内容へ 2 を加える LEA 命令を示しなさい．

問 3.5 ALU の中は，どのような演算回路が必要かを理由とともに示しなさい．

3.4 アセンブリ言語 CASL

ここでは，アセンブリ言語 CASL の命令の種類と形式について述べる．これによって，COMET の機械語命令とアセンブラ用の命令との区別を明らかにする．また，CASL プログラムの例を示し，CASL アセンブラプログラムを具体的に理解する．

3.4.1 命令の種類と形式

a. 命令の種類

CASL は，**機械語命令，擬似命令，マクロ命令**からなる．機械語命令は，すでに 3.3 節で述べた 23 個の命令である．以下に述べるように，擬似命令は START, END, DS, DC の四つの命令からなり，マクロ命令は表 3.1 で示した IN, OUT, EXIT の三つの命令からなる．擬似命令，マクロ命令について，その機能の概略を表 3.4 に示す．

b. 命令の形式

アセンブリ言語 CASL の記述例を図 3.7 に示す．また，個々の命令の**記述形式**を図 3.8 に示す．おのおのの命令は，**ラベル欄，命令コード欄，オペランド欄，注釈欄**の四つの欄からなる．以下におのおのについて説明する．

ラベル欄： 図 3.7 の EX3, DATA, LENG の記入列がこれに相当する．6 文字以内の英大文字または数字からなる列であり，先頭の 1 文字は英大文字でなければならない．そのラベルの付けられた命令の先頭アドレスや領域の先頭アドレスを意味することができ，他の命令の中で参照することができる．

命令コード欄： 図 3.7 の START, IN, EXIT, DS, DC, END の記入列がこれに相当する．おのおのの命令を記述する欄である．前 (左側) にラベルが記述された場合には，そのあと (ラベルの右側) に一つ以上の空白を入れたあとから記

表 3.4 擬似命令,マクロ命令の機能の概略

命令の種類	命令コード	機　　能
擬似命令	START	プログラムの先頭を定義 プログラムの実行開始番地を定義
	END	プログラムの終を定義
	DS	領域を確保
	DC	定数を定義
マクロ命令	IN	入力装置からのデータの入力処理
	OUT	出力装置へのデータの出力処理
	EXIT	プログラムの実行終了

```
EX3     START
        IN      DATA, LENG    ; DATA番地から，LENGで示す数の文字を読み込む
        EXIT
DATA    DS      24            ; DATA番地から24ワードの領域を確保
LENG    DC      24            ; 文字数24を指定
        END
```

図 3.7 アセンブリ言語 CASL の記述例

ラベル欄	命令コード欄	オペランド欄	注釈欄

図 3.8 命令の記述形式

述しなければならない．

　オペランド欄： 図 3.7 の DATA, LENG, 24, 24 の記入列がこれに相当する．各命令のオペランドを記述する欄である．命令コード記述のあとに一つ以上の空白を入れたあとから記述しなければならない．

　注釈欄： 図 3.7 の (;) から右にある列がこれに相当する．命令記述の行の中にセミコロン (;) があると，それ以後は行の終わりまでを注釈として扱う (プログラムに影響ない)．ただし，DC 命令の文字列中の ; は別である．

　表 3.5 に，機械語命令も含めて，各命令の記述形式をまとめて示す．ここで [LABEL] は，LABEL を省略してもよいことを示す．また，「空白」は何も記入しないことを意味する．注釈欄は省略してある．

3.4 アセンブリ言語 CASL

表 3.5 各命令の記述形式

命令の種類	ラベル欄	命令コード欄	オペランド	備 考
機械語命令	[LABEL]	23個の 各機械命令	GR, adr [, XR] adr [, XR] GR 空白	分岐命令, PUSH, CALL POP RET
擬似命令	[LABEL] 空白 [LABEL] [LABEL]	START END DS DC	[実行開始番地] 空白 領域の語数 定数	
マクロ命令	[LABEL] [LABEL] [LABEL]	IN OUT EXIT	入力領域, 入力文字数 出力領域, 出力文字数 空白	オペランドはラベルで指定 オペランドはラベルで指定

3.4.2 擬似命令

a. START

アセンブラへプログラムの先頭であることを示す．ラベルが記入されている場合は，他のプログラムから参照するための入り口となる．実行開始番地が記入されている場合は，その番地から実行される．記入されていない場合は，メモリの先頭番地から実行する．

b. END

アセンブラへプログラムの終りであることを示す．すなわち，アセンブラは START で始まって，END で終わるまでの範囲のプログラムをアセンブルする．

c. DS

オペランドで指定しただけの語数の領域を確保する．0以上の10進数で指定する．

d. DC

オペランドに記入した定数データをメモリへ格納する．ラベルは，格納データの先頭アドレスを示す．

DC n： 10進数 n の値を2進数で格納する．

DC #h： h は16進数 $(0 \sim F)$ 4桁で指定する．$0000 \leq h \leq FFFF$

DC 'Moji Retsu'： '(アポストロフィ) で囲んだ文字列を格納する．連続する各語の下位8ビットに順に1文字ずつ格納する．各語の上位8ビットには0が格納される．

DC LABEL： LABEL が記入されているアドレスの値を 2 進数で格納する．

3.4.3 マクロ命令
a. IN
特定な入力装置からラベル 1 で指定された領域へ，ラベル 2 で指定された文字長を読み込む．ただし，以下の例 3.9 に示すように，ラベル欄にそのラベル 1 の名前をもつ DS 命令でその先頭アドレスを示し，ラベル 2 の名前をもつ DC 命令で読み込む文字数 (文字長) を示す．文字数 (文字長) の制限は 80 までである．DC 'Moji Retsu' の命令と同様に，連続する各語の下位 8 ビットに順に 1 文字ずつ格納する．各語の上位 8 ビットには 0 が格納される．

ラベル 1 とラベル 2 を読み込むフェッチサイクルが終了したら OS (オペレーティングシステム) へ分岐し，実際の読み込み操作はラベル 1 とラベル 2 の値に基づいて OS が行う．

b. OUT
特定な出力装置へ，ラベル 1 で指定された領域から，ラベル 2 で指定された文字長を出力する．ラベル 1，ラベル 2 については，IN 命令と同様である．

IN と同様に，ラベル 1 とラベル 2 を読み込むフェッチサイクルが終了したら OS へ分岐し，実際の出力操作はラベル 1 とラベル 2 の値に基づいて OS が行う．

[例 3.9]　IN LAB1, LAB2
　　　　　............
　　　LAB1 DS 64
　　　LAB2 DC 32

この場合，先頭アドレス (具体的な値はアセンブラが決定する) が LAB1 で示される領域へ，LAB2 で示す値の 32 文字を入力して格納する．DS で与えている 64 は，LAB1 からの先頭アドレスの領域へ 64 ワードを確保しており，残りの 32 ワードは意味がない (使われずに残っている領域となる)．

c. EXIT
プログラム実行の終了を示す命令であり，この命令の実行により，制御を OS に移す．すなわち，OS プログラムの特定な入力番地へ分岐する．DC や DS 命令は，EXIT 命令よりも前の位置にあってはならない．

3.4 アセンブリ言語 CASL

問 3.6 IN と OUT マクロ命令の t_3 サイクル以後 OS へ処理を移すまでのフェッチサイクルについて，その動作を詳しく説明しなさい．ただし，命令語は 1 ワード目が OPCD を，2(3) ワード目が LAB1 (LAB2) のデータをもっており，1 ワード目は IR へ，2(3) ワード目は GR0 (MDR) へ読み出されると仮定する．

3.4.4 CASL アセンブラプログラムの例

ここでは，プログラムの例を示し，CASL アセンブラプログラムを具体的に理解する．読者への命令行指示の容易性から，ここではおのおののプログラムの命令行へ，行番号として 1 から始まる通し番号を最も左側の列へ付けてある．また，行の動作の説明を右側に記してある．

[例 3.10] DATA1 と DATA2 の内容を加算し，結果を DATA3 へ格納する．

```
1  EX1      START
2           LD    GR1, DATA1    DATA1 の内容を GR1 へ読み込む
3           ADD   GR1, DATA2    DATA2 の内容を GR1 へ加算
4           ST    GR1, DATA3    GR1 の内容を DATA3 へ格納
5           EXIT
6  DATA1    DC    #0123         DATA1 の値
7  DATA2    DC    #4567         DATA2 の値
8  DATA3    DS    1             DATA3 の領域を 1 ワード確保
9           END
```

[例 3.11] DATA1 から 1000 を減算し，結果を LAB1 番地へ格納する．

```
1  EX2      START
2           LD    GR1, DATA1    DATA1 の内容を GR1 へ読み込む
3           SUB   GR1, LAB2     GR1 の内容から LAB2 にある内容 (1000) を引く
4           ST    GR1, LAB1     結果 (GR1 の内容) を LAB1 番地へ格納
5           EXIT
6  DATA1    DC    #3210         DATA1 の値
7  LAB2     DC    1000          ラベル LAB2 に定数 1000 を格納
8  LAB1     DS    1             LAB1 の領域を 1 ワード確保
9           END
```

[例 3.12] DATA 番地から 24 ワードを確保し，入力装置から 24 個の文字データを読み込む．

```
1  EX3      START
2           IN    DATA, LENG    DATA 番地から，LENG で示す数の文字を読み込む
3           EXIT
4  DATA     DS    24            DATA 番地から 24 ワードの領域を確保
5  LENG     DC    24            文字数 24 を指定
6           END
```

問 3.7 ラベル LAB1, LAB2 番地に格納されているデータの論理積 (AND)，論理和 (OR)，排他的論理和 (EOR) をとり，おのおのの結果を，ANS1, ANS2, ANS3 番地へ格納するプログラムを書きなさい．

問 3.8 ラベル LABA, LABB 番地に格納されているおのおののデータ A, B の算術比較を行い，A が B よりも大きければ LAB1 へ，等しければ LAB2 へ，A が B よりも小さければ LAB3 へ分岐するプログラムを書きなさい．

問 3.9 アドレス AD1 番地から格納されている 3 個の数値データ D1(i) ($1 \leq i \leq 3$)，およびアドレス AD2 番地から格納されている 3 個の数値データ D2(i) のおのおのの和をとり，結果 S(i) を AD3 番地からの 3 個のアドレスへ格納するプログラムを書きなさい．

問 3.10 文字データを 1 個入力し，8～15 ビットに格納されている文字符号の 1 の個数を数えて，奇数ならば 1，偶数ならば 0 を出力するプログラムを作りなさい（これは奇数検査（パリティ検査）の一種である）．

3.5　アセンブラの動作概要

3.1.1 項でも述べたように，アセンブラは，アセンブリ言語で記述されたプログラムを計算機が実行可能な機械語へ変換するプログラムである（一般に，あるプログラミング言語で記述されたプログラムを機械語へ変換するプログラムを**言語プロセッサ**という）．ここでは，アセンブラの動作の概要を述べる．

本書では，2 ワードの命令語のビットを以下のように表すものとする（図 3.5 参照）．

1 ワード目：

　$w_{1,0} \sim w_{1,7}$：命令コード，$w_{1,8} \sim w_{1,11}$：GR，$w_{1,12} \sim w_{1,15}$：XR

2 ワード目：

　$w_{2,0} \sim w_{2,15}$：adr

また，本書では，COMET の命令コードを表 3.6 に示すものとする（COMET では機械語命令コードまでは定めていないが，本書ではこの表に示すものと仮定する）．すなわち，2 ワードの命令語の命令コード部 $w_{1,0} \sim w_{1,7}$ はこの表の OPCD の 2 進表現の列に示すものとする．また，簡便のため表では OPCD の 2 進表現を 4 ビットずつの 16 進の値で表現した 16 進表現も示してある．

図 3.1 に示したように，アセンブラはアセンブリ言語で記述されたプログラムを計算機が実行可能な機械語へ変換する．アセンブラはプログラムを最初から順にみて解析し，必要な操作を施す．プログラムの各行には，ただちに機械語へ変換できる行と，プログラムの最後の行までみないと変換できない行がある．

3.5 アセンブラの動作概要

表 3.6 COMET の命令コード (OPCD)

命令の種類	命令記号	OPCD の 2 進表現	OPCD の 16 進表現	オペランドの形
メモリ転送命令	LD	0001 0001	#11	GR, adr [, XR]
	ST	0001 0010	#12	GR, adr [, XR]
データ設定命令	LEA	0010 0001	#21	GR, adr [, XR]
算術演算命令	ADD	0011 0001	#31	GR, adr [, XR]
	SUB	0011 0010	#32	GR, adr [, XR]
論理演算命令	AND	0100 0001	#41	GR, adr [, XR]
	OR	0100 0010	#42	GR, adr [, XR]
	EOR	0100 0011	#43	GR, adr [, XR]
比較命令	CPA	0101 0001	#51	GR, adr [, XR]
	CPL	0101 0010	#52	GR, adr [, XR]
シフト命令	SLA	0110 0001	#61	GR, adr [, XR]
	SRA	0110 0010	#62	GR, adr [, XR]
	SLL	0110 0011	#63	GR, adr [, XR]
	SRL	0110 0100	#64	GR, adr [, XR]
分岐命令	JPZ	0111 0001	#71	adr [, XR]
	JMI	0111 0010	#72	adr [, XR]
	JNZ	0111 0011	#73	adr [, XR]
	JZE	0111 0100	#74	adr [, XR]
	JMP	0111 0101	#75	adr [, XR]
スタック用命令	PUSH	1000 0001	#81	adr [, XR]
	POP	1000 0010	#82	GR
サブルーチン用命令	CALL	1001 0001	#91	adr [, XR]
	RET	1001 0010	#92	
システム用命令	IN	1010 0001	#A1	LAB1, LAB2
	OUT	1010 0010	#A2	LAB1, LAB2
	EXIT	1010 0011	#A3	

オペランド (adr 部) にラベルを含まない行はその命令の実行に必要なすべての情報は確定しているのでただちに機械語へ変換できる．しかし，オペランドにラベル (ここでは LAB1 と仮定する) を含む場合は，LAB1 の行 (命令行) がどのアドレスになるかはアセンブラにはまだわからない．すなわち，この命令の行をみたときには，ラベル欄にはまだ LAB1 のラベルをみていないかもしれない．したがって，LAB1 のラベルを最初にみた場合には，このラベル名をラベルリストへ保存する．やがてアセンブラはプログラムを読み進むと，ラベル欄に LAB1 のラベルの記入された行に出会う．このときになって，LAB1 の番地 (プログラムの先頭を #0000 番地とする相対的な番地) がわかる．アセンブラはすべてのオペランド中のラベルに対して同様な操作を施す．すなわち，アセンブラは最初にプログラムを解析しながらラベルのリストを作成する．プログラムを最後までみ

たら，このプログラムの先頭を何番地から格納するかは OS によって決定される（またはすでに決定されている）ので，すべてのラベルのアドレスが決定できる（ここまでの操作を**パス1**という）．その後，もう一度最初からプログラムをみていき，ラベルのリストを用いて個々のラベルへアドレスを代入する（この操作を**パス2**という）．すなわち，パス1とパス2の操作によって，すべての命令の機械語が完成する．

[例 3.13] たとえば，次のような LEA 命令の行があったとする．この命令行のオペランド部には，ラベルがないので，アセンブラはパス1によってただちに機械語へ変換することができる．

  LEA GR1, 0, GR3

すなわち，命令コード表をみることによって，LEA 命令の命令コード部は，$w_{1,0} \sim w_{1,7}$：00100001 (#21) となる．GR 部は GR1 を示す必要があることから，$w_{1,8} \sim w_{1,11}$：0001 (#1)，XR 部は GR3 であるから，$w_{1,12} \sim w_{1,15}$：0011 (#3)，$w_{2,0} \sim w_{2,15}$ は adr の値であり，0 を示す必要があることから $w_{2,0} \sim w_{2,15}$：00000000 00000000 (#0000) となり，結局，以下の2ワードの機械語となる．ここで，機械語の 16 進表現を括弧で示す．

  00100001 00010011 00000000 00000000 (#2113 0000)

このように，命令行のオペランド部にラベルがない場合は，アセンブラはパス1でただちに機械語へ変換することができる．

[例 3.14] 次に，以下に示すように命令のオペランド部にラベルがある場合を考えよう．

  LEA GR1, LAB1, GR3
  ....

 LAB1 DC 1000

この場合には，オペランド部にラベル LAB1 があるので，アセンブラはパス1の操作において，ラベルリストへ LAB1 を登録する．プログラムを最後までみたら，LAB1 のアドレスを決定できる．そのアドレス値が，#20FF であるとする．したがって，パス2の操作によって，LAB1 へ #20FF を代入して以下に示す機械語を得ることになる．

   00100001 00010011 00100000 11111111 (#2113 20FF)

[例 3.15] [例 3.10] に示したプログラムを以下に再掲載し[ソースプログラ

ム]，その下へアセンブラによって機械語へ変換した結果 [機械語プログラム] を示す．ここで，プログラムは，アドレス #4001 から格納されると仮定する．一番左の列にメモリ番地（アドレス）を，また機械語の 16 進表現を機械語の右列に，また，最も右列にコメントを示す．機械語の列以外の列はすべて説明のための列であり，機械語の中にこのような列があるわけではない．

[ソースプログラム]

1	EX1	START		
2		LD	GR1, DATA1	DATA1 の内容を GR1 へ読み込む
3		ADD	GR1, DATA2	DATA2 の内容を GR1 へ加算
4		ST	GR1, DATA3	GR1 の内容を DATA3 へ格納
5		EXIT		
6	DATA1	DC	#0123	DATA1 の値
7	DATA2	DC	#4567	DATA2 の値
8	DATA3	DS	1	DATA3 の領域を 1 ワード確保
9		END		

[機械語プログラム]

メモリ番地	機械語	16 進表現	コメント
#4001	0001 0001 0001 0000	(#1110)	以下の 2 行が行番号 2 の LD 命令
#4002	0100 0000 0000 1001	(#4009)	DATA1 のアドレスは #4009
#4003	0011 0001 0001 0000	(#3110)	以下の 2 行が行番号 3 の ADD 命令
#4004	0100 0000 0000 1010	(#400A)	DATA2 のアドレスは #400A
#4005	0001 0010 0001 0000	(#1210)	以下の 2 行が行番号 4 の ST 命令
#4006	0100 0000 0000 1011	(#400B)	DATA3 のアドレスは #400B
#4007	1010 0011 0000 0000	(#A300)	以下の 2 行が行番号 5 の EXIT 命令
#4008	0000 0000 0000 0000	(#0000)	EXIT 命令のオペランドは #0000
#4009	0000 0001 0010 0011	(#0123)	DATA1 の値 #0123
#400A	0100 0101 0110 0111	(#4567)	DATA2 の値 #4567
#400B	xxxx xxxx xxxx xxxx	(#xxxx)	DATA3 の格納領域，x はドントケア

問 3.11 [例 3.11] に示したプログラムを機械語へ変換した結果 [機械語プログラム] を示しなさい．ただし，[例 3.15] と同様に，プログラムはアドレス #4001 から格納されると仮定する．一番左の列にメモリ番地（アドレス）を，また機械語の 16 進表現を機械語の右列に，また，最も右列にコメントを示しなさい．

3.6 COMET の動作と状態遷移図

ここでは，COMET の動作を分析し，その動作ができるための必要条件を明確にする．3.1 で COMET（以下では M と記す）の概要を述べたが，その動作をマクロ的に大きく分類すると，何もしていない**状態**（S_N），命令フェッチ中である状態（S_F），命令実行中である状態（S_E）に分類できる．また以下に示すように，これらの状態は M へ加えられる入力信号によって移ることがわかる．図 3.

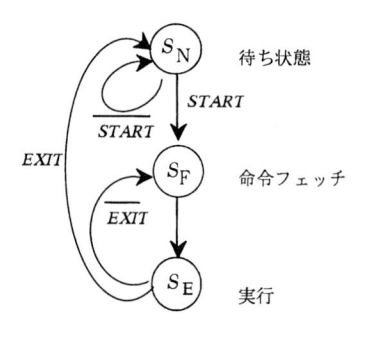

図 3.9 COMET (M) の状態遷移図

9 にこれらの状態間の移り変わりの様子を示す. このような図を**状態遷移図**と呼ぶ.

S_N はメモリへ命令をフェッチしにいってよいかどうかを待っている状態である. M がまだ何も動いていない状態にあっては, プログラム実行の開始のための指令を待っている状態である. したがって, プログラム実行を開始するかどうかの指令を与えるための入力信号が必要であり, この信号をここでは $START$ とする. $START=0$ ならば M は S_N に留まり, $START=1$ ならば M は S_F に移って命令をフェッチする. この $START$ のように 0 と 1 の 2 値の値をとる変数を**論理変数**または**ブール変数**と呼ぶ. 3.1.2 項で示したように, 命令フェッチでは $t_0 \sim t_2$ の 3 つのクロックサイクル (マシンサイクル) によって 2 つのワードをメモリから IR, MDR へ読み出してきた. フェッチサイクルが終了すると**実行サイクル**, すなわち S_E の状態へ移り, 命令が実行される. 表 3.1 の右列のタイミングと動作あるいは 3.3 節の各命令の説明で示したように, 実行サイクルの長さは命令によって異なる. 命令フェッチサイクルと実行サイクルが繰り返されたあと, 一つのプログラムが終了する. 命令によっては実行サイクルの最後のサイクルは次の命令のフェッチサイクルと重なっていた. プログラムが終了するかどうかの変数 (命令) は $EXIT$ と考えられる. すなわち, S_E の状態で, $EXIT=0$ ならば M は S_F に遷移するが, $EXIT=1$ ならば M は S_N に遷移して入力待ち状態になる.

図 3.9 の状態遷移図は, S_N, S_F, S_E の間の遷移を示すマクロ的な状態遷移図であった. S_F および S_E の内訳を詳しくみるとさらに細かい状態からなっていることがわかる. すなわち, S_F の中は, $t_0 \sim t_2$ の三つのクロックサイクルからなっており, おのおののサイクルに対して制御回路 (CONT) から異なる制御信号が発せられている. ただし, この場合には命令には依存せずにすべて共通な制御信号でよい. すなわち, $t_0 \sim t_2$ の三つのサイクルでフェッチ動作を行う特有の制御信号を発する必要があり, そのためには現在どのサイクルにいるかがわからなければならない. すなわち, t_0, t_1, t_2 のどのサイクルにいるかがわかる必要がある. このようなことは, 過去の状態に依存して決める必要がある. すなわち, 現在の

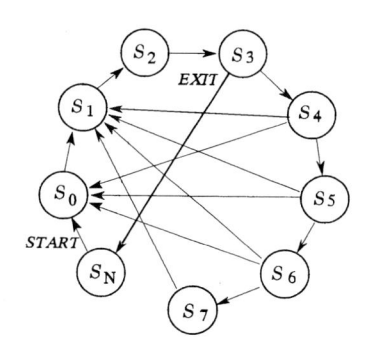

図 3.10 COMET (M) のマシンサイクルレベル状態遷移図

入力だけでは定まるものではなく，現在どのような状態であるかを示すものが必要になる．これは状態を記憶するものであり，このためのものとして**記憶素子**が必要になる．結局，マシン M は記憶素子を用いて現在 t_0, t_1, t_2 のどのサイクルにいるかを示す状態を示すことが必要になる．

図 3.10 に COMET (M) のマシンサイクルレベルの状態遷移図を示す．すなわち，図 3.9 のマクロ状態遷移図をマシンサイクルレベルに詳しく記述したものである．ただし，この図では，同一状態間の複数の遷移も 1 本の矢印で代表して示してあり，またそれらの遷移に伴う入力や出力は特別なものを除いて省略してある．$t_i (0 \leq i \leq 7)$ サイクルの状態は S_i であり，S_N は図 3.9 の状態遷移図の S_N と同じ状態である．図 3.9 の S_F は S_0, S_1, S_2 の状態集合から，S_E は，S_3, S_4, S_5, S_6, S_7 の状態集合からなっている．たとえば，EXIT 以外のすべての命令は $S_2 \to S_3 \to S_4$ を遷移する．EXIT の場合は $S_3 \to S_N$ となる．LD 命令によって，$S_3 \to S_4$ を遷移するときは，t_3：R ← (EA の計算) の動作が行われるように CONT から制御信号が出されている (表 3.1 参照)．他の場合も同様に考えればよい．

以上を整理すると，COMET マシン M は，現在の状態 (ある出力を出している) にあるとき，現在の入力に基づいて現在の出力と次に移るべき状態を決定している．COMET マシン M は，この動作を制御回路 CONT が受けもっている．一般に，このような動作のできる回路を**順序回路**という．結局，順序回路は，状態を示す記憶素子が必要であり，回路への入力と出力があることになる．

4.5 節では，COMET マシン M の制御回路 CONT に限定しないより広い観点から，一般的に順序回路を構成する方法について詳しく述べる．

問 3.12 図 3.10 の COMET (M) のマシンサイクルレベル状態遷移図において，以下の遷移が行われるときは，どの命令が該当し，またおのおのの命令ではどのような制御信号が出ているかを示しなさい．

 (a) $S_5 \to S_0$ (b) $S_7 \to S_1$

4 計算機回路

　ここでは，計算機内部の基本的な回路がどのように設計されて構成されているかを学ぶ．3章のCOMET計算機で示した図3.2の各部分回路を中心に学習する．

4.1 計算機回路の分類

　ここでは計算機回路を分類し，このあとで述べるおのおのの回路の位置付けを明らかにする．3章のCOMET計算機で示した図3.2の各部分回路がどの分類に属するかも明らかにされる．

　計算機回路は，現在の出力が何に依存して決定されるかにより，**組合せ回路**，**記憶回路**，**順序回路**の三つに大別できる．以下にその定義を示す．

　組合せ回路：現在加えられている入力のみで出力が決定される回路
　記憶回路：過去に入力された値（論理値）または設定された値に基づく状態の
　　　　　　みによって出力が決定される回路
　順序回路：状態と入力の両者に基づいて出力が決定される回路

　表4.1にこれらの計算機回路の分類を示す．表の右側には具体的回路名を示し，また括弧の中にはCOMETの回路例を示す．

　この分類の定義は厳密なものではなく，一般的にいわれている程度のものと考えてよい．この分類の特徴は，組合せ回路と順序回路のほかに記憶回路を特に項目として設けていることである．特に，記憶回路の中へ**フリップフロップ**類を入れていることである．あとで学ぶように，フリップフロップ類の中でもD-FFは記憶回路にふさわしいものといえるが，RS-FF, JK-FF, T-FFは非同期順序回路である．その意味では順序回路へ含めるべき点もあるが，これらのFF類は

表 4.1 計算機回路の分類

分類項目	具体的回路と COMET の回路例	
組合せ回路	AND-OR 形回路 (CONT の中)	
	OR-AND 形回路 (CONT の中)	
	デコーダ (CONT の中)	
	エンコーダ	
	マルチプレクサ (SI_1~SI_7)	
	デマルチプレクサ (SO_1~SO_5)	
	演算回路	加減算回路 (ALU の中) 論理演算回路 (ALU の中) インクリメンタ デクリメンタ シフタ (ALU)
	BUS インタフェース回路 (S01~S05 の出力回路部)	
記憶回路	メモリ類	DRAM (M), SRAM, ROM
	フリップフロップ類	(CONT の中) D-FF, RS-FF, T-FF, JK-FF
	レジスタ類	(GR0~GR4, FR, IR, MDR, MAR)
順序回路	制御回路	(CONT)
	カウンタ類 (PC)	
	シフトレジスタ	

実質的な状態マシン (ステートマシン) としての順序回路を構成する際の記憶素子としての役割が実質的である．そのような意味で，ここでは FF 類を記憶回路に含めている．

4.2 論理関数と簡単化

計算機内部の各回路は，基本的なルールを基礎とする論理関数に基づいて目的の働きをするように設計されて構成されている．ここでは論理関数の基本事項を学ぶ．

4.2.1 基本演算と論理関数

19 世紀に Boole が考えた**ブール代数** (Boolean Algebra) は論理代数ともいわれ，その関数を**論理関数**という．数学では，ある公理系をもとにして定理を導き出す．普通習う代数とは公理系が異なるので，違った性質が現れる．この性質が

電話の交換機や電子計算機の回路設計に応用できることから工学的利用が始まった．論理関数では，おのおのの変数や関数の値は0または1の値をとる2値しかない．普通の数学が，$-\infty$ から $+\infty$ の範囲の値をとるのと大いに違う．この変数を**論理変数**(2値変数ともいわれる)と呼び，一般に $x, y, z, \cdots ; x_1, x_2, x_3, \cdots ;$ $A, B, C, \cdots$ などのアルファベット記号で表される．

この論理関数の変数の演算は **OR**(**和，論理和**)，**AND**(**積，論理積**)および**NOT**(**否定**)の3種類だけである．その演算記号は OR が + または $\vee$，AND が・または $\wedge$，NOT が変数の上に $-$ である．なお，本書では，+ と・と $-$ のみを使い，誤る恐れのない場合には，・を省略する．線形代数が $+, -, \times, \div$ の4種の演算があるのとは異なる．この演算を表で示すと表 4.2 となる．なお，この表は変数の必要なすべての変数の組合せを網羅している．この表を**真理値表** (truth table) という．表からわかるように，OR は変数のどちらか一つが，つまり x または (OR) y が1ならば演算結果が1となり，AND は x と (AND) y が1であれば1となり，否定は0が1に，1が0に反転することを意味している．線形代数では，$1+1=2$ であり，また否定演算はないことなどが論理関数の世界とは異なる．

論理関数は，たとえば $f(A, B, C)$ と書いて，変数 A, B, C からなる論理関数を表す．論理関数 f が n 個の論理変数からなるとき，f は 2^n 個の入力のパターンに対して，0または1の値が定められていることになる．この入力のおのおのに対して論理関数 f の値を定めている表が f の真理値表である．

表 4.2　NOT, OR, AND の真理値表

x	$\bar{x}$		x	y	$x+y$		x	y	$x \cdot y$
0	1		0	0	0		0	0	0
1	0		0	1	1		0	1	0
			1	0	1		1	0	0
			1	1	1		1	1	1
(a) NOT			(b) OR				(c) AND		

[例 4.1] x, y, z に対して論理関数 $(x+y)+z, (xy)z$ の真理値表をおのおの作りなさい．

3変数であるので，変数の入力組合せは (000) から (111) までの8個のパターンがある．論理関数 $(x+y)+z, (xy)z$ の真理値表を作成するため，最初にその成分である $x+y$ と xy の真理値表を作成する．その結果と，z との OR および

AND との演算を行って $(x+y)+z, (xy)z$ の真理値表を得る．表 4.3 にそれらの真理値表を示す．この真理値表からもわかるように，$(x+y)+z=x+y+z$ を 3 変数 OR, $(xy)z=xyz$ を 3 変数 AND 演算と考えることができる．

表 4.3 論理関数 $(x+y)+z, (xy)z$ の真理値表

x	y	z	$x+y$	$(x+y)+z$	xy	$(xy)z$
0	0	0	0	0	0	0
0	0	1	0	1	0	0
0	1	0	1	1	0	0
0	1	1	1	1	0	0
1	0	0	1	1	0	0
1	0	1	1	1	0	0
1	1	0	1	1	1	0
1	1	1	1	1	1	1

問 4.1 x, y に対して $\bar{x}y$ と $x+\bar{y}$ の真理値表を作りなさい．

問 4.2 $\overline{xy}$ を **NAND**，$\overline{x+y}$ を **NOR** という．x, y に対しておのおの真理値表を作りなさい．

一般に，$\overline{x_1 x_2 \cdots x_n}$ を n 変数 NAND，$\overline{x_1+x_2+\cdots+x_n}$ を n 変数 NOR という．

問 4.3 n 個の変数をもつ真理値表は，変数の値の組合せ（真理値表の行数）をいくつもつか．簡単に理由も述べなさい．

4.2.2 基本性質

論理関数の世界では，従来代数として習ってきた性質とはかなり異なった性質をもっている．すなわち，NOT, OR, AND の基本演算の間には，以下に示すようないくつかの基本的な性質がある．これらの基本性質は真理値表を満たす論理関数を求めたり，複雑な関数表現を簡単化したり，あるいは論理関数を別な表現へ変換したりする場合に有用である．以下に基本性質を記す．

a. **交換則**

  (1) $x+y=y+x$, (2) $xy=yx$

b. **NOT に関するもの**

  (1) $x+\bar{x}=1$, (2) $x\bar{x}=0$, (3) $(\overline{\bar{x}})=\overline{\bar{x}}=x$

c. **同一則（べき等則）**

  (1) $x+x+\cdots+x=x$, (2) $x \cdot x \cdots \cdot x=x$

d. **吸収則**

  (1) $1+x=1$, (2) $0x=0$, (3) $0+x=x$, (4) $1 \cdot x=x$,

(5) $x+(xy)=x$,　　　(6) $x(x+y)=x$,　　　(7) $x+\bar{x}y=x+y$

e. **結合則**

(1) $(x+y)+z=x+(y+z)$,　　(2) $(xy)z=x(yz)$

f. **分配則**

(1) $x(y+z)=xy+xz$,　　(2) $(x+y)(x+z)=x+yz$（吸収則も含む）

g. **ド・モルガン (De Morgan) の定理**

(1) $\overline{x+y}=\bar{x}\bar{y}$, 一般に, 　(2) $\overline{x_1+x_2+\cdots+x_n}=\bar{x}_1\bar{x}_2\cdots\bar{x}_n$

(3) $\overline{xy}=\bar{x}+\bar{y}$, 一般に 　(4) $\overline{x_1x_2\cdots x_n}=\bar{x}_1+\bar{x}_2+\cdots+\bar{x}_n$

普通の代数では，$(x+y)(x+z)=x^2+xy+xz+yz$ となり，上記分配則に記した式とは異なる．このほかにも，$1+x=1$ なども異なる性質がある．なぜこうなるのかでなく，このように公理(AND, OR, NOT の演算)を定めた結果だと考えたらよい．20 世紀に入ってから，電話交換機の設計，さらに電子計算機の設計にブール代数(論理関数の世界)が役立つことがわかり，大いに使われている．なお，これに近い演算は集合算であり，あとに出てくるバイチ図表やカルノー図表はこの集合の演算を無意識に使っている．

[**例 4.2**] $\bar{x}y+x\bar{y}$ の演算を**排他的論理和**(EOR, EXOR, EX-OR, XOR) (Exclusive OR) といい，$x\oplus y$ で表す．この演算を AND と NOT のみで表してみよう．すると以下に示す式となる．ここで，等号の下には，変換に用いた基本性質の記号を示してある．たとえば，最初の記号 (b) は NOT に関するもの，次の (g) はド・モルガンの定理を使っていることを示している．ゆえに，AND と NOT のみで表せた．

$$\bar{x}y+x\bar{y}=\overline{(\overline{\bar{x}y+x\bar{y}})}=(\overline{\overline{\bar{x}y}\cdot\overline{x\bar{y}}}) \quad (4.1)$$
　　　　　　　　　　(b)　　　　　(g)

次に，この関数を 2 変数 NAND のみを用いて表してみよう．ただし，どの 2 変数 NAND の二つのオペランド(演算対象)も同じ変数や関数としてはならないと仮定する．

$$(\overline{\overline{\bar{x}y}\cdot\overline{x\bar{y}}})=(\overline{\overline{\bar{x}y+\bar{y}y}})\cdot(\overline{\overline{\bar{x}x+x\bar{y}}})=\overline{y(\bar{x}+\bar{y})\cdot x(\bar{x}+\bar{y})}=\overline{\overline{y(\overline{xy})\cdot x(\overline{xy})}}$$
　　(d, b)　　　　　　　　(f)　　　　　　　　(g)

$$(4.2)$$

この表現は，$(\overline{xy})$ を共通にしたもので，NAND の演算しか使用していない．しかも，どの演算の二つのオペランドも同じ変数や関数としていない．上と同様

に，等号の下には，変換に用いた基本性質の記号を示してある．ここで，(d, b) は，d を施したあとに b を実施していることを示す．この関数表現形式は，EOR 論理回路を NAND ゲート (後述) のみを用いて実現したいときによく用いられる．

[**例 4.3**] 以下の問 4.4 の式はド・モルガンの定理が 3 変数についても同様に成立することを示している．最初の式 (4.5) が成立することを代数的に示してみよう (式 (4.6) も同様である)．ここで，代数的に示すとは，[例 4.2] に示したように，基本性質を利用して式を変換して左辺が右辺に等しいことを導くことである．

まず最初に，2 変数についてド・モルガンの定理が成り立っていることから以下の式が成り立つ．

$$\overline{x_1 + x_2} = \bar{x}_1 \bar{x}_2 \tag{4.3}$$

この式の変数 x_2 を改めて $(x_2 + x_3)$ の変数 (式) で置き換えると以下の式が成立する．

$$\overline{x_1 + (x_2 + x_3)} = \bar{x}_1 \overline{(x_2 + x_3)} \tag{4.4}$$

この式の左辺は，e の結合則より，括弧は省略でき，式 (4.5) の左辺に等しい．一方，式 (4.4) の右辺の括弧の部分をさらに，ド・モルガンの定理で展開すれば，式 (4.5) の右辺となる．以上より証明された．

問 4.4 3 変数 x_1, x_2, x_3 に対して以下のド・モルガンの定理が成り立つことを真理値表を用いて確かめなさい．

$$\overline{x_1 + x_2 + x_3} = \bar{x}_1 \bar{x}_2 \bar{x}_3 \tag{4.5}$$

$$\overline{x_1 x_2 x_3} = \bar{x}_1 + \bar{x}_2 + \bar{x}_3 \tag{4.6}$$

問 4.5 $x + \bar{x}y = x + y$ が成立することを代数的に示しなさい．また，このとき式の各変換過程で用いる法則名もおのおの記しなさい．

4.2.3 論理関数の表現法

ここでは，論理関数の二つの表現について学ぶ．

a. 主加法標準形 (積和表現)

変数または変数の否定からなる積の項を**積項**と呼ぶ．逆に変数または変数の否定からなる和の項を**和項**と呼ぶ．積項の和で表現した論理関数を**積和表現**または **AND-OR 形**と呼ぶ．逆に，和項の積で表現した論理関数を**和積表現**または **OR**

-AND形と呼ぶ．

　n 変数関数の積和表現において，おのおのの積項が n 個の変数または変数の否定からなっているとき，その積項を **最小項**（**minterm**）という．すなわち，真理値表において f を 1 にする行を変数の積で表現したものが最小項である．最小項からなる積項をすべて和で結んで並べた積和表現を f の **主加法標準形** と呼ぶ．f の主加法標準形は最小項の和として唯一な表現である．

[例 4.4] 表 4.4 の f の主加法標準形を求めなさい．

　f を 1 とする行の 3 個の変数の最小項をすべて求め，和で結べば f の主加法標準形が求められる．したがって，次のようになる．
$$f = \bar{A}\bar{B}\bar{C} + \bar{A}\bar{B}C + \bar{A}B\bar{C} + A\bar{B}\bar{C} + A\bar{B}C \tag{4.7}$$

問 4.6　表 4.5 の f_1 と f_2 のおのおのの主加法標準形を求めなさい．

表 4.4

A	B	C	f
0	0	0	1
0	0	1	1
0	1	0	1
0	1	1	0
1	0	0	1
1	0	1	1
1	1	0	0
1	1	1	0

表 4.5

A	B	C	f_1	f_2
0	0	0	1	1
0	0	1	1	0
0	1	0	1	0
0	1	1	1	0
1	0	0	0	1
1	0	1	0	1
1	1	0	0	1
1	1	1	1	1

b. 主乗法標準形（和積表現）

　n 変数関数の和積表現において，おのおのの和項が n 個の変数または変数の否定からなっているとき，その和項を **最大項**（**maxterm**）という．最小項が n 変数関数の真理値表の一つの行（2^n 個のすべての最小項の中の一つ）を示していたのに対して，最大項は 2^n 個のすべての最小項の中の（$2^n - 1$）個の最小項を示している．つまり，一つの最小項を除いたすべての最小項の集合を示している．最大項という名は，最小項の否定であることによる．たとえば，真理値表で関数が 0 の値をとる $A=0, B=0, C=0$ の項（真理値表の行）があったとする．これは最小項 $\bar{A}\bar{B}\bar{C}$ である．この項の否定はド・モルガンの定理で $A+B+C$ となる．最小項の否定は，その最小項を除いたすべての最小項の集まりであるから，つまり最大項である．すなわち，真理値表において f を 0 にする行を変数の和で表現したものが最大項である．最大項からなる和項をすべて積で結んで並べた和積表

現を f の**主乗法標準形**と呼ぶ．f の主乗法標準形は最大項の積として唯一な表現である．

f の主乗法標準形は，$\bar{f}$ の加法標準形を求め，それについて両辺の否定をとって左辺は f とし，かつ右辺はド・モルガンの定理で展開することによって，積和表現であったものが，和積表現として得られるものである．このときの各和の項は，おのおのの最小項の否定からなる最大項である．

[例 4.5] 表 4.5 の f_2 の主乗法標準形を求めなさい．

f_2 を 0 とする行について各最大項を求め，積を求めればよい．おのおのの変数が否定をとるかどうかは，最小項の場合とまったく逆になることに注意を要する．

$$f_2 = (A+B+\bar{C})(A+\bar{B}+C)(A+\bar{B}+\bar{C}) \tag{4.8}$$

問 4.7 表 4.5 の f_1 の主乗法標準形を求めなさい．また，得られた式が確かにこの真理値表を満たすかをチェックしなさい．

問 4.8 n 変数関数には，ありうる関数の個数はすべてで何個あるか．ただし，常に 0 または 1 となる定数も特別な一つの関数とみなす．また，簡単に理由も付けなさい．ヒント：真理値表が異なる関数は異なる関数と考え，異なる真理値表の個数を数えればよい．

4.2.4 論理関数の簡単化

ここでは，論理関数の簡単な表現方法とその求め方について検討する．

a. 主項と最小カバー

積和形表現の論理関数の場合，積項の数が最も少ない，あるいは積項数が同じならば，式中の文字数の和が少ない関数表現は最も簡単な式といえ，この条件を満たす関数表現は**最簡形**（あるいは**簡約形**）であるという．あとで示すように，一般にこのような最簡形は，ゲート数や配線数が少ない論理回路を構成できる利点がある．

関数 f を主加法標準形で表し，すべての二つの積項の組合せを対象にして以下の簡単化が可能ならば行う．

$$Ax_i + A\bar{x}_i = A \tag{4.9}$$

ここに，x_i は一つの変数であり，A は変数 x_i を含まない積項である．変数 x_i を含まずに表現できることになるので，関数が簡単に表現できることになる．こ

の操作をすべての二つの積項の組合せを対象にして可能な限り繰り返して行う．これ以上簡単化ができなくなったとき，残されたおのおのの積項をこの関数 f の**主項** (prime implicant) という．

n 変数からなる論理関数 $f(x_1, x_2, \cdots, x_n)$ は，2^n 個の最小項の集合に対して，$f=1$ とする最小項の集合 (部分集合) を指定しているとみることができる．このようなことから，同じ n 変数からなる論理関数の間には集合と同様な**カバー関係** (包含関係) がある．

[例 4.6] 表 4.5 の f_1 の真理値表より f_1 の主項をすべて求めなさい．

f_1 の主加法標準形を求めると次のようになる．以下では簡単化のため，おのおのの最小項をその下に付けた丸付きの番号で表すものとする．

$$f_1 = \overline{A}\overline{B}\overline{C} + \overline{A}\overline{B}C + \overline{A}B\overline{C} + \overline{A}BC + ABC \qquad (4.10)$$
$$\;①\qquad\;②\qquad\;③\qquad\;④\qquad\;⑤$$

これらの 5 個の最小項のすべての組合せを考え，簡単化の可能なものを記すと以下のようになる．

①, ② より　$\overline{A}\overline{B}\overline{C} + \overline{A}\overline{B}C = \overline{A}\overline{B}$
①, ③ より　$\overline{A}\overline{B}\overline{C} + \overline{A}B\overline{C} = \overline{A}\overline{C}$
②, ④ より　$\overline{A}\overline{B}C + \overline{A}BC = \overline{A}C$
③, ④ より　$\overline{A}B\overline{C} + \overline{A}BC = \overline{A}B$
④, ⑤ より　$\overline{A}BC + ABC = BC$

この式の右辺の項は，式 (4.10) のすべての最小項をカバーしたので f_1 は次の式となる (もとの積項の中で，新しくできたどの項によってもカバーされることがない積項がある場合は，その積項は f_1 の表現の中に残しておかなければならない)．

$$f_1 = \overline{A}\overline{B} + \overline{A}\overline{C} + \overline{A}C + \overline{A}B + BC \qquad (4.11)$$
$$\;①'\qquad ②'\qquad ③'\qquad ④'\qquad ⑤'$$

この新しくできた積項に対して，さらに簡単化を考える．

①′, ④′ より　$\overline{A}\overline{B} + \overline{A}B = \overline{A}$
②′, ③′ より　$\overline{A}\overline{C} + \overline{A}C = \overline{A}$
∴　$f_1 = \overline{A} + BC \qquad (4.12)$

これ以上簡単化はできないので，このときに残った $\overline{A}$ と BC の二つの項はこの関数 f_1 の主項である．

次に，関数 f を最小数の主項の和として表現することを，f の**最小カバー**（**ミニマムカバー**）という．最小カバーは，関数によっては1通りに定まってしまうこともあるが，何通りもある場合もある．

主項の数が多いときには最小カバーを求めるのがむずかしい場合がある．このような場合には，すべての主項 P_i を縦座標に，すべての最小項 m_j を横座標に並べ，m_j が P_i にカバーされるとき，(P_i, m_j) 要素を1とする表（**カバーテーブル**という）を作成して考えると求めやすい．m_j をカバーする主項が P_i のみしかないとき，P_i は f を表現するのに必ず必要となる．この場合の P_i を**必須項**（essential prime implicant）という．

問 4.9 表4.5の f_2 の主項をすべて求めなさい．またカバーテーブルを作成し，これよりおのおのの主項によってカバーされる最小項を示しなさい．さらに必須項は何か．

問 4.10 表4.6の真理値表に対して以下に答えなさい．
(1) すべての主項を求めなさい．
(2) カバーテーブルを作成しなさい．
(3) 必須項は何か．
(4) f の最小カバーをすべて求めなさい（ありうるすべての場合を求める）．

表 4.6

x_1	x_2	x_3	x_4	f
0	0	0	0	0
0	0	0	1	0
0	0	1	0	1
0	0	1	1	0
0	1	0	0	1
0	1	0	1	1
0	1	1	0	1
0	1	1	1	0
1	0	0	0	1
1	0	0	1	0
1	0	1	0	1
1	0	1	1	1
1	1	0	0	1
1	1	0	1	1
1	1	1	0	0
1	1	1	1	0

b. ベイチ図表とカルノー図表

ここでは，主項を視察により容易にみいだす二つの方法を検討する．これらの方法は4変数程度までの関数が限度である．

以下に**ベイチ** (Veich) **図表**の規則と利用法を記す（具体的には以下の例4.7を参照）．

(1) 図表では，各変数のとる値0または1の領域を，縦または横の領域で指定する．

(2) 領域で区切られた一つのます目の領域は一つの最小項を表す．

(3) 関数 f を1とするすべての最小項の領域に1を記入する．

(4) 隣の領域は一つの変数の値のみが異なる領域である．トーラス構造を面へ展開した構造となっており，上下，左右は隣接していることに注意．

(5) 隣接する1を囲む最大の領域が主項となる．ただし，囲む領域は正方形や長方形で，かつ領域内の最小項の個数は2のベキ乗でなければならない．

図表の列,または行の座標は上の条件を満たすならば,どのように選んでもよい.

[例 4.7] 表4.7に示す真理値表を満たす関数 f についてベイチ図表を考えてみよう.変数は,A, B, C, D の四つであるので,A, B をベイチ図表の縦座標に,C, D を横座標に割り当てる.上記(5)を満たすようにできる限り大きく囲む領域を作ると図4.1の①から⑤までの5個がおのおの主項として求められ,それらは以下の主項である.

① AB, ② ACD, ③ $A\overline{C}\overline{D}$, ④ $\overline{A}B\overline{D}$, ⑤ $\overline{B}\overline{C}\overline{D}$

また,①,②,④のおのおのは,この主項がないとカバーされることのない最小項があることから,必須項である.①,②,④のすべての主項によってカバーされない最小項は,左下の $A\overline{B}\overline{C}\overline{D}$ であり,これをカバーするために,③または⑤のいずれかの主項があればよい.よって,f の最小カバーは

$$f = AB + ACD + A\overline{C}\overline{D} + \overline{A}B\overline{D} \tag{4.13}$$

または

$$f = AB + ACD + \overline{B}\overline{C}\overline{D} + \overline{A}B\overline{D} \tag{4.14}$$

であり,これらはおのおの簡約形である.

カルノー(Karnaugh)**図表**は,図4.2に示すように,縦と横のおのおのの領域を変数の論理値の組合せによって指定するだけで,ベイチ図表とほとんど同様である.この図も表4.7に示す関数 f について示しているが,この図での座標の

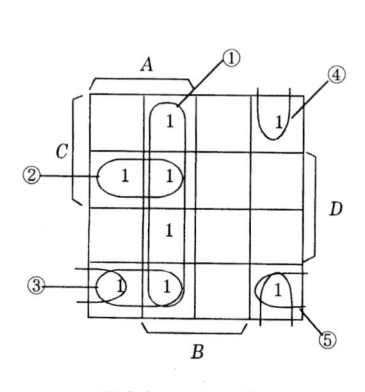

図4.1 ベイチ図表

表 4.7

A	B	C	D	f
0	0	0	0	1
0	0	0	1	0
0	0	1	0	1
0	0	1	1	0
0	1	0	0	0
0	1	0	1	0
0	1	1	0	0
0	1	1	1	0
1	0	0	0	1
1	0	0	1	0
1	0	1	0	0
1	0	1	1	1
1	1	0	0	1
1	1	0	1	1
1	1	1	0	1
1	1	1	1	1

とり方は図4.1の場合と異なっているため，囲み方も異なっているようにみえる．主項の求め方もベイチ図表と同様である．

主項を求める他の方法として**クワイン・マクラスキー**(Quine-McCluskey)**法**がある．これは機械的に主項を求める方法であり，計算機処理に適した方法といえる．しかし，この手法は，関数 f を主加法標準形で表し，すべての二つの積項の組合せを対象にして以下の簡単化が可能ならば次々に行い，不可能になるまで行うことである．

$$Ax_i + A\bar{x}_i = A \tag{4.15}$$

ここに，x_i は一つの変数であり，A は変数 x_i を含まない積項である．すなわち，この方法は，[例 4.6] に示した内容と本質的に同じである．

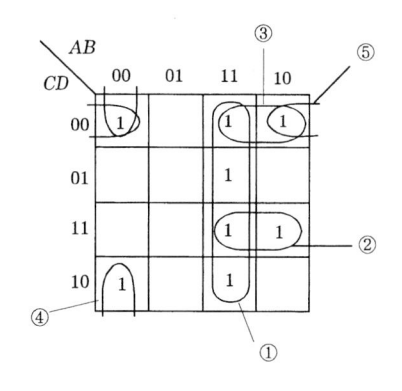

図 4.2 カルノー図表

問 4.11 表4.5の f_2 についてベイチ図表を書き，すべての主項を求めなさい．また，必須項は何か．さらに，f_2 のミニマムカバーをすべて求めなさい．

問 4.12 図4.3はカルノー図(囲む領域はこの図には示してない)の領域へ，論理関数 f の真理値をすでに記入したものである．カルノー図表によって f のすべての主項を求めなさい．また，必須項は何か．さらに f の最小カバーを2通り求めなさい．

問 4.13 表4.8の真理値表からクワイン・マクラスキー法により主項を求め，f の最小カバーを求めなさい．

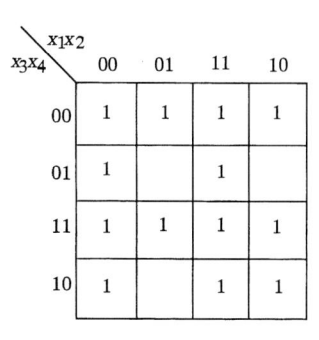

図 4.3 カルノー図表

4.2.5 未定義組合せ入力

いままでに対象としてきた論理関数(n 変数関数 f とする)は，2^n 個の最小項のすべてに対して $f=0$ または $f=1$ のいずれかの論理値の値をとっていた．このような論理関数は，**完全定義関数**と呼ばれる．一方，特定な論理関数 f を考える場合に，f の論理値が 0 でも 1 でもどうでもよい入力パターン(最小項，入力ベクトル)がある関数や，あるいは入力パターンとして決して入力されない入

力パターンがある関数がある．このような関数は**不完全定義関数**と呼ばれる．また，そのときのどうでもよい入力パターンや決して入力されないパターンを**未定義組合せ入力**（**未定義入力，don't care 入力，ドントケア入力，禁止入力**）という．これらの未定義組合せ入力を含む不完全定義関数の簡単化は，関数形が簡単化されるように，未定義入力の最小項を，1 または 0 と都合よく決めてよい．以下に例を用いて未定義入力を含む論理関数の簡単化を説明しよう．

[**例 4.8**] 図 4.4 に未定義入力（ドントケア入力）のある関数のカルノー図表を示す．未定義入力は * 印で示されている．すなわち，$(ABCD)=0101, 0110, 1010$ の三つの最小項は未定義入力である．

論理関数の主項は，できるだけ大きな領域で囲んだ方が簡単な項（変数の数が少ない）が得られる．そこで，②の主項では，0101 の入力を $f=1$ を与える入力と解釈することによって，簡単な主項を得ている．

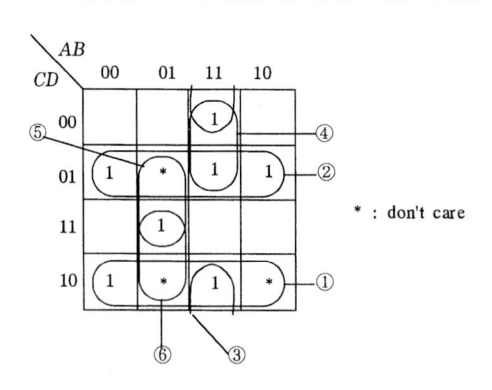

図 4.4　未定義入力のある関数 f のカルノー図表

以下同様にして，結局，①～⑥の主項が得られる．

必須項は，①，②である．この必須項のほかに，{③, ④}，{⑤, ⑥}から一つずつとれば，$f=1$ とする最小項をすべてカバーすることができる．ここでは，③，⑤を選ぶことにして，下記の簡約形を得る．

$$\therefore \quad f = C\overline{D} + \overline{C}D + AB\overline{D} + \overline{A}BD \qquad (4.16)$$
$$\quad\quad\quad ① \quad ② \quad ③ \quad ⑤$$

なお，f の最小カバーを求める際に，対象とする最小項として未定義入力（ドントケア入力）は含めてはならない（なぜなら，カバーする必要のない最小項を含めると，不必要な主項まで含めなければならないことがある）．このことは，特に注意する必要がある．

問 4.14　表 4.9 の真理値表を満たす不完全定義関数 f の主項をベイチ図表およびクワイン・マクラスキー法のおのおのによって求めなさい．この場合，必須項は何か．また f のミニマムカバーは何通りあるか．

表4.8				
A	B	C	D	f
0	0	0	0	1
0	0	0	1	1
0	0	1	0	1
0	0	1	1	0
0	1	0	0	1
0	1	0	1	0
0	1	1	0	1
0	1	1	1	1
1	0	0	0	0
1	0	0	1	1
1	0	1	0	0
1	0	1	1	1
1	1	0	0	1
1	1	0	1	1
1	1	1	0	0
1	1	1	1	1

表4.9				
A	B	C	D	f
0	0	0	0	1
0	0	0	1	0
0	0	1	0	*
0	0	1	1	1
0	1	0	0	1
0	1	0	1	0
0	1	1	0	1
0	1	1	1	*
1	0	0	0	*
1	0	0	1	0
1	0	1	0	1
1	0	1	1	0
1	1	0	0	1
1	1	0	1	*
1	1	1	0	*
1	1	1	1	1

4.3 組合せ回路

論理関数を電子回路で実現する回路が組合せ回路である．この章では，論理関数に対応した組合せ回路の基本事項について学ぶ．また，組合せ回路に属する演算回路についても学ぶ．COMET の演算回路 (ALU) では，加減算，論理演算，比較演算，シフト演算が必要であった．ここではこれらの具体的な演算回路について学ぶ．

4.3.1 組合せ回路の基礎
a. 基本ゲート

論理関数を表現するための基本的な関数として，AND, OR, NOT, NAND, NOR, EOR を示した．これらの関数を電子回路で実現するための回路を**基本ゲート**と呼ぶ．また，基本ゲートからなる回路を論理回路またはディジタル回路という．論理回路は，図面をみるだけで構造がわかると便利である．そのため，おのおのの基本ゲートは図 4.5 に示すような回路記号を用いて表される．このゲートは 2 入力であるが，3, 4 入力もある．

ゲートは，論理的な動作のみを表しており，たとえば速度が速いとか，面積が小さいとかなどの物理的な側面は何も表していない．しかし，これらのゲート

AND

OR

NAND

NOR

NOT

EOR

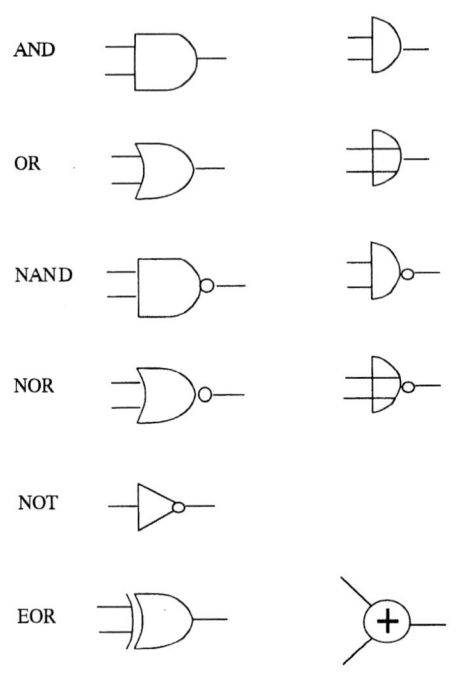

図4.5　基本ゲートの回路記号

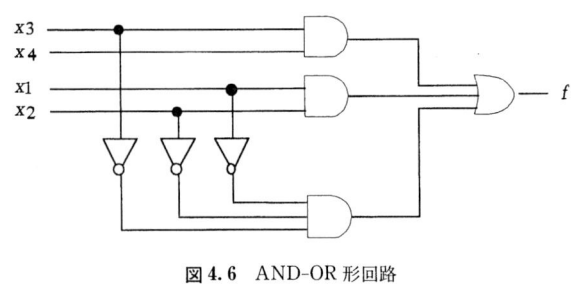

図4.6　AND-OR形回路

b. AND-OR形回路

論理関数を積和形で表して，積項を AND ゲートで，積項の和を OR ゲートで表現した回路構造を **AND-OR 形回路**(NAND-NAND 形回路)と呼ぶ．一般には，関数を簡単化して，各主項を AND ゲートで，主項の和を OR ゲートで表現する．このことから，AND-OR 形回路と呼ばれる．また，この回路は，積和形の関数で表していることから**積和形回路**とも呼ばれる．以下，AND-OR 形回路構成について例を用いて説明しよう．

以下に示す論理関数 f の積和形(AND-OR 形)回路を求めてみよう．

$$f = x_3 x_4 + x_1 x_2 + \bar{x}_1 \bar{x}_2 \bar{x}_3 \tag{4.17}$$

この関数のおのおのの積項を AND ゲートで，積項の和を OR ゲートで表現することによって，図4.6に示す AND-OR 形回路が得られる．ただし，積項の中に否定をもつ変数は，NOT ゲートを通したあとで，積項が作られる．

一方，$f = \bar{\bar{f}}$ なので，ド・モルガンの定理より，次式が得られる．

$$f = \overline{\overline{x_3 x_4 + x_1 x_2 + \bar{x}_1 \bar{x}_2 \bar{x}_3}}$$
$$= \overline{\overline{x_3 x_4} \cdot \overline{x_1 x_2} \cdot \overline{\bar{x}_1 \bar{x}_2 \bar{x}_3}} \tag{4.18}$$

これは，NAND のみの関数で f を表しており，おのおのの NAND の関数を

NANDゲートで置き換えることによって，図4.7に示す **NAND-NAND形回路** が得られる．すなわち，関数のAND-OR形表現はNAND-NAND形表現とほぼ等価な表現であるとい

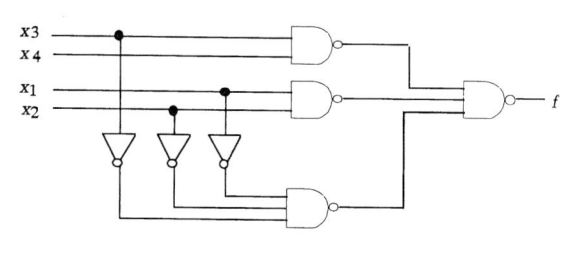

図4.7 NAND-NAND形回路

える．一般に，以上に示したAND-OR形回路とNAND-NAND形回路は，NOTゲートを除いて，入力から出力に至る信号経路が通過するゲート数が2であることから，2段AND-OR回路または，2段NAND-NAND形回路といわれる．

問 4.15 図4.8のベイチ図表によって示される真理値表を満たす関数fのAND-OR形回路を求めなさい．

問 4.16 表4.10に示す真理値表を満たす関数fのNAND-NAND回路を求めなさい．

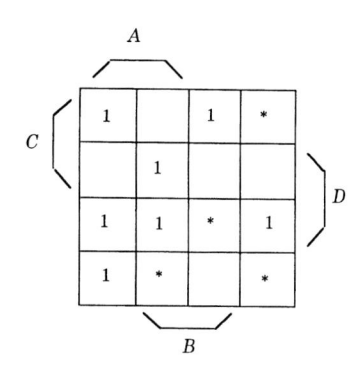

図 4.8 fのベイチ図表

表 4.10 fの真理値表

x_1	x_2	x_3	f
0	0	0	1
0	0	1	0
0	1	0	*
0	1	1	1
1	0	0	*
1	0	1	0
1	1	0	0
1	1	1	1

c. OR-AND形回路

ここで述べる **OR-AND形回路（和積形回路）** は，論理関数の和積表現に対応した回路である．簡単なOR-AND形回路（NOR-NOR形回路）を求めるためには，関数の簡単な和積形表現を求める必要がある．しかし，関数の簡単化については，直接的に関数の和積形表現の簡単化を行うのではなく，いままで学んできた積和表現についての簡単化手法を利用するのが賢明である．すなわち，関数f

の和積形の簡約形を求めるのではなく，最初に関数 $\bar{f}$ の積和形簡約形を求め，その両辺の否定をとって，ド・モルガンの定理によって，f の和積形の簡約形を求めるのである．以下の手順により，関数 f の和積形回路 (OR-AND 形回路) は得られる．

(1) $\bar{f}$ について (0 と don't care を対象にして) AND-OR 形の簡約形を求める．

(2) ド・モルガンの定理より $\bar{f}$ の両辺の否定をとることにより，f についての OR-AND 形簡約形が求まる．

(3) 上記 (2) の表現の変数 (変数の否定も含む) の和の項を OR ゲートで，それらの項の積を AND ゲートで表すことによって，f の OR-AND 形回路が求まる．

図 4.9 のカルノー図に記入された真理値を満たす関数 f の OR-AND 形回路を求めてみよう．以下に示すように，$\bar{f}$ の主項，$\bar{f}$ の積和形簡約形，f の和積形簡約形が順に求められ，それを回路化することによって，図 4.10 に示す f の OR-AND 形回路が得られる．

$\bar{f}$ の主項　① $\bar{x}_3 x_4$，② $x_1 x_4$，③ $x_1 x_2$：これらはすべて必須項

$$\therefore \bar{f} = \bar{x}_3 x_4 + x_1 x_4 + x_1 x_2 \quad (4.19)$$

$$\therefore f = \overline{\bar{x}_3 x_4 + x_1 x_4 + x_1 x_2}$$

$$= \overline{\bar{x}_3 x_4} \cdot \overline{x_1 x_4} \cdot \overline{x_1 x_2}$$

$$= (x_3 + \bar{x}_4)(\bar{x}_1 + \bar{x}_4)(\bar{x}_1 + \bar{x}_2) \quad (4.20)$$

一方，$f = \bar{\bar{f}}$ の関係より，内側の NOT をド・モルガンの定理により変換することに

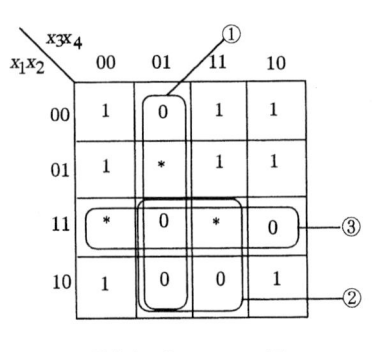

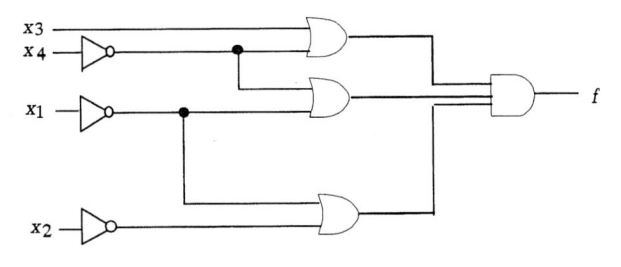

図 4.9 f のカルノー図

図 4.10 f の OR-AND 形回路

4.3 組合せ回路

よって，f の NOR-NOR 形表現を得ることができる．これによって，f の **NOR-NOR 形回路** を得ることができる．以下にその関数表現を，図 4.11 に f の NOR-NOR 形回路を示す．

$$f = \overline{\overline{f}} = \overline{\overline{(x_3+\overline{x}_4)(\overline{x}_1+\overline{x}_4)(\overline{x}_1+\overline{x}_2)}}$$
$$= \overline{\overline{(x_3+\overline{x}_4)}+\overline{(\overline{x}_1+\overline{x}_4)}+\overline{(\overline{x}_1+\overline{x}_2)}} \tag{4.21}$$

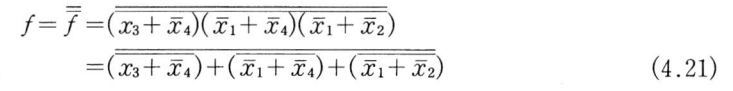

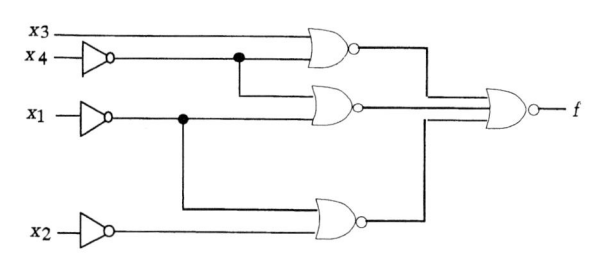

図 4.11 f の NOR-NOR 形回路

問 4.17 表4.9 の真理値表を満たす f について，以下の手順によって，f の OR-AND 形 2 段回路と NOR-NOR 形 2 段回路を求めなさい．
(1) $\overline{f}$ について AND-OR 形（積和形）簡約形を求めなさい．
(2) f の OR-AND 表現を求め，OR-AND 形 2 段回路を示しなさい．
(3) f の NOR-NOR 形表現を求め，NOR-NOR 形 2 段回路を示しなさい．

d. 多出力回路

いままでは，1 出力回路の構成法を学んだ．しかし，多くの組合せ回路は，多数の出力端子をもつ組合せ回路である．このような **多出力組合せ回路** に対する回路構成も，いままでに学んだ 1 出力回路のように，個々の関数の回路を別々に構成して，それらを合わせて全体の多出力回路とすることもできる．しかし，一般に多出力回路では，いくつかの出力を構成する部分回路間で，一部の回路を共有する（共通に使用する）ことができる場合も多い．このような場合には，部分回路を共有した方が，回路が簡単に実現できる．結局，この場合での実質的な労力は，おのおのの関数の主項を求めると同時に，いくつかの関数に対して共通に使用可能な **共通項** を求める操作となる．それらの主項が求まったあとで，それらの主項を用いて，すべての関数を対象にして，最小カバーを求めればよい．ここではこれについては省略する．

4.3.2 エンコーダ・デコーダ・セレクタ回路

ここでは，計算機の中でよく用いられる基本的な回路であるエンコーダ回路，デコーダ回路，セレクタ回路について述べる．

a. エンコーダ

エンコーダ (encoder) とは，いくつかの信号線の集合によって表される情報を変換して少ないビット数やディジット数で表現する回路をいう．たとえば，キーボードは多くのキーがあるが，このキー一つ一つの信号線をパソコンに接続するよりも，これをコード化 (符号化して変換) して少ない線で接続した方がよい．この変換の回路をエンコーダという．

[例 4.9] $x_0, x_1, \cdots, x_7$ を入力とし，x_i が 1 のとき i の値を 2 進数で出力するエンコーダを考えてみよう．エンコーダの出力は 0 から 7 までの値を 2 進数で表せなければならないので 3 本の出力を要する．この出力を $(y_2 y_1 y_0)$ (y_j は 2^j ($j=0, 1, 2$) の桁) によって表すと図 4.12 に示す回路となる．各出力線 y_j は，1 を出す必要がある入力 (このとき $x_i=1$ である) を集めて出力すればよいので，OR ゲートだけでよい．

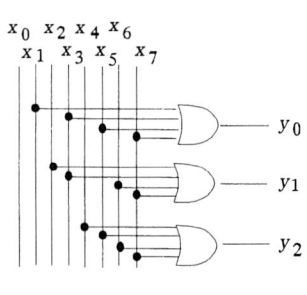

図 4.12 エンコーダの例

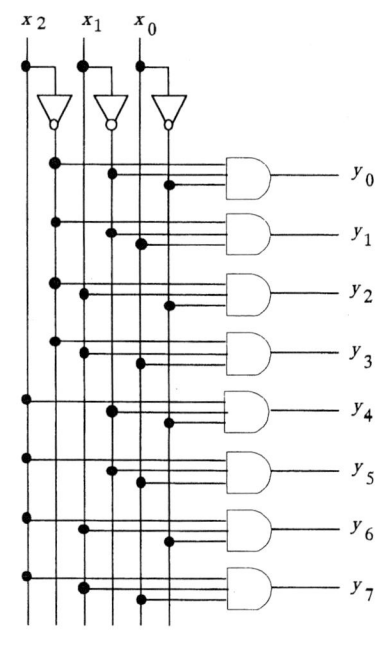

図 4.13 デコーダの例

b. デコーダ

デコーダ(decoder)は，入力，出力の関係がエンコーダとはまったく逆であり，符号化されていた情報をもとに戻す回路である．

[例 4.10] 3個の論理変数 x_2, x_1, x_0 によって表される2進符号がある．ただし，$x^i (i=0,1,2)$ は 2^{i-1} の桁を表す．この符号に対応して，8本の出力線のどれか一つに，1を出力する回路は，「3入力8出力デコーダ回路」と呼ばれる．このデコーダ回路は図4.13に示すものとなる．

問 4.18 図3.5に示したように，COMET計算機では命令語の第1ワードの8から11ビット目，および12から15ビット目の4ビットで5個のGRおよび4個のXRを指定する．この指定はデコーダ回路による．第1ワードの8から15ビット目を表す変数を $x_8 \sim x_{15}$ とし，GR0~GR4を指定するための制御変数(出力変数)を $g_0 \sim g_4$ とするとき，このデコーダ回路を示しなさい．

問 4.19 一般にメモリでは論理的に巨大なデコーダ回路が使われている．たとえばアドレスが16ビット(16本)のCOMETでは，1ビット幅入出力の 2^{16} ビットのメモリチップ(256Kビットチップ)を16個並列に並べて，1ワード16ビット幅でアドレスが16ビットのメモリを構成することができる．この場合の1ビット幅入出力の 2^{16} ビットのメモリチップ(256Kビットチップ)1個に注目する．一般に，このようなメモリチップでは，2^{16} 個の記憶素子があり，それらの記憶素子は行列の配列(長方形)で与えられる．いま，この記憶素子の配列が 2^8 行 2^8 列であるとする．このとき，$d_0 \sim d_7$ の8本で行アドレスを，$d_8 \sim d_{15}$ の8本で列アドレスを与え，行アドレスおよび列アドレスをデコードした回路出力が配列へ加えられ，行と列がともに1である交点が現在のアドレスに対応した記憶素子としてアクセスされる．このメモリチップのブロック図を示しなさい．

c. セレクタ回路

セレクタ回路は**マルチプレクサ回路**ともいわれる．何本かの入力データの中から1本のみを選び，そのデータを一つの出力線へ出す．どれを選ぶかの指定情報を与える必要があるので，この情報のための入力と，それをデコードするためのデコーダを一般に伴う．デコーダを必ず伴うのでこのデコーダを含めた回路をセレクタと考えてもよい．

[例 4.11] 入力データ $d_i (0 \leq i \leq 3)$ の中から $(x_1 x_0)$ で特定した2進数の値が i のときそしてそのときのみ出力 y へ d_i を出すセレクタ回路を考えてみよう．図4.14にこのような動作のできる回路を示す．3入力ANDゲートは，デコーダのANDゲートとセレクタのANDゲートとを兼ねたゲートとなっている．

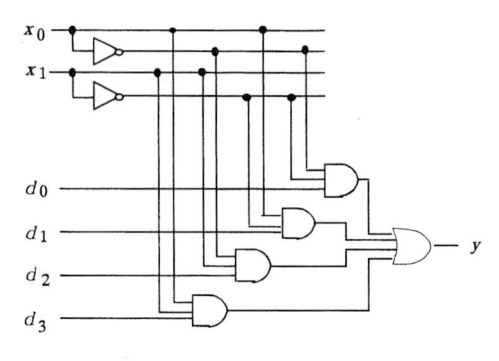

図 4.14 セレクタの例

マルチプレクサ(セレクタ)と入出力の関係が逆となる回路は**デマルチプレクサ**と呼ばれる．すなわち，1本の入力線のデータを何本かの出力線の内のどれか一つへ出力する．したがって，マルチプレクサの場合と同様に，どの出力線へ出すかを指定する必要があるので，その情報を与えるとともにそれをデコードする回路を伴う．したがって，この場合も，デコーダ回路も含めた回路をデマルチプレクサ回路と考えてもよい．

問 4.20 変数 x が1であるとき回路の出力は A のデータを出力し，x が0であるとき回路の出力は B のデータとなる論理関数 $f(x, A, B)$ の関数の真理値表を求めなさい．さらに，この回路の AND-OR 形回路を示しなさい(このような回路は変数 x を制御入力とするマルチプレクサまたはセレクタ回路である)．

問 4.21 図 3.2 に示した COMET ハードウェアの多くのスイッチ回路 ($SI_1 \sim SI_7$) は，基本的にセレクタ回路である．BUS_1, BUS_2 のおのおのの16ビットを表す変数を $(x_0 x_1 x_2 \cdots x_{15}), (y_0 y_1 \cdots y_{15})$ とし，変数 x を制御入力とするとき，この回路を示しなさい．

問 4.22 変数 x_1, x_2 が00であるとき $y=A$ を，変数 x_1, x_2 が01であるとき $y=B$ を，変数 x_1, x_2 が10であるとき $y=C$ を，変数 x_1, x_2 が11であるとき $y=D$ を表す論理関数 $f(x_1, x_2, A, B, C, D)$ を x_1, x_2, A, B, C, D で表しなさい．さらに，この回路の AND-OR 形回路を示しなさい(このような回路は4入力マルチプレクサまたは4入力セレクタ回路である)．

4.3.3 加減算回路

a. 加算器要素

加算器要素の基本的な考え方は，その桁の入力線の中の論理値1の数を，出力

下位からの桁上げ入力をもたない加算器を**半加算器**(**HA**: Half Adder)という．最初に，2進1桁のHAを考える．1桁の2進数入力を x, y，その桁の和出力を s，上位桁への桁上げ出力を c とするとき，HAの真理値表は表4.11に示すものとなる．図4.15にそのブロック図を示す．

表4.11 HAの真理値表

x	y	c	s
0	0	0	0
0	1	0	1
1	0	0	1
1	1	1	0

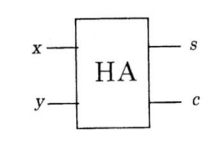

図4.15 HAのブロック図

真理値表より，s, c の関数は次のようになる．

$$s = x \oplus y$$
$$c = xy \tag{4.22}$$

次に，下位からの桁上げ入力をもつ加算器を**全加算器**(**FA**: Full Adder)という．ここでは，2進1桁のFAを考える．これは，HAへ下位からの桁上げ入力 (c_i) も加えたもので，表4.12にFAの真理値表を，図4.16にそのブロック図を示す．

表4.12 FAの真理値表

x	y	c_i	c	s
0	0	0	0	0
0	0	1	0	1
0	1	0	0	1
0	1	1	1	0
1	0	0	0	1
1	0	1	1	0
1	1	0	1	0
1	1	1	1	1

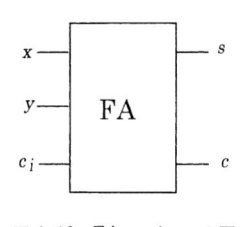

図4.16 FAのブロック図

その桁の出力 s は，入力の(奇数)パリティを表す(HAも同様であった)以下の関数であり，また，桁上げ出力 c は，1が二つ以上のとき1となる以下の関数(このような関数を**しきい値関数**という)である．

$$s = x \oplus y \oplus c_i$$
$$c = xy + yc_i + c_i x \tag{4.23}$$

b. リップルキャリ加算器

図 4.17 に示すように，n 桁の加算に対して，下位の桁上げ (carry) 信号が次々に上位へ伝搬する (ripple) 直列構造の加算器を，**リップルキャリ加算器** (ripple carry adder) という．n 個の FA ($n-1$ 個の FA と 1 個の HA でもよい) が直列に接続された構造のものである．ここで，このブロック図は，

$x = (x_{n-1} \cdots x_1 x_0)$, $y = (y_{n-1} \cdots y_1 y_0)$ ただし $x_i, y_i \; (0 \leq i \leq n-1)$ は 2^i の桁を入力，

$s = (c_n s_{n-1} s_{n-2} \cdots s_1 s_0)$ $s_i \; (0 \leq i \leq n-1)$ は 2^i の桁を加算出力，

$c_i \; (0 \leq i \leq n)$ を桁上げ信号 (c_n 以外は内部信号である) としている．

この回路図で，最下位の桁は下位からの桁上げがないので HA でもよい．リップルキャリ加算器では，下位の桁上げ信号が次々に上位へ伝搬しなければならないので，加算を始めてから最終的な結果が出るまでに時間がかかるので，n が大きい加算器としては向いていない構造である．

リップルキャリ加算器の欠点を解消する回路方式として，桁上げ信号を別に生成する回路をもつ**キャリルックアヘッド加算器** (carry look-ahead adder) と呼ばれる回路がある．

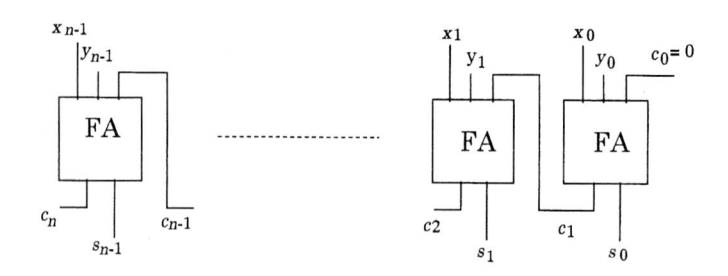

図 4.17　n 桁のリップルキャリ加算器

c. 加減算器

加減算を行うためには，負の数の表現が扱えなければならない．2 章で学んだように，負の数の表現には **1 の補数**によるものと **2 の補数**によるものとがあった．ほとんどの計算機では 2 の補数を用いているので，以下では無断の場合には 2 の補数を意味するものと仮定する．

$X-Y$ の減算は，Y の補数をとって $X+(-Y)$ の加算で考えることができる．したがって，減算は補数をとって加えることを除けば，加算と同様である．したがって，加算と減算の両者は，基本的に加算のみについて考えればよい．

4.3 組合せ回路   *81*

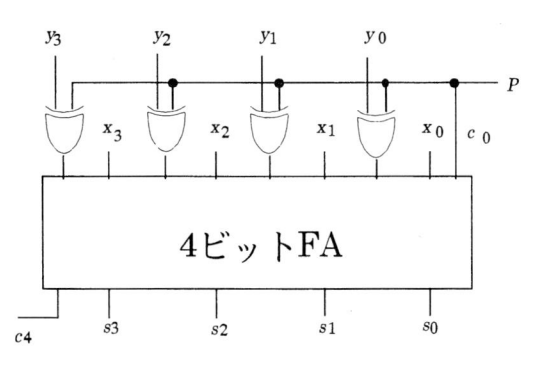

図 4.18 4ビット加減算回路

図4.18に4ビット加減算器を示す．すなわち，
$$X=(x_3x_2x_1x_0),\quad Y=(y_3y_2y_1y_0) \tag{4.24}$$
に対して，
$$\begin{aligned}P=0\text{ のとき } X+Y\,(\text{加算})\\ P=1\text{ のとき } X-Y\,(\text{減算})\end{aligned} \tag{4.25}$$
を実行する回路である．

EORゲートは，$P=0$ のときは y_i を

$P=1$ のときは $\bar{y}_i$ を

出力することに注意しなさい．また，P を c_0 へ入れることにより，減算 ($P=1$) のとき，+1がされて，2の補数がとられていることに注意しなさい．

問 4.23 16ビット加減算回路を示しなさい．ただし，4ビットFAをブロックとして使用してよい．

4.3.4 インクリメンタとデクリメンタ

計算機の中では，現在の値を1だけ増加させたり，1だけ減少させる場合も多い．このような動作は，もちろん加減算回路を用いて行うこともできる．しかし，このような特別な場合は，簡単な専用の組合せ回路によって構成することができる．このような組合せ回路をおのおの**インクリメンタ**と**デクリメンタ**という．図4.19に $(x_{n-1}\cdots x_1x_0)$ を2進数入力，$(y_{n-1}\cdots y_1y_0)$ を2進数出力とするインクリメンタ回路とデクリメンタ回路を示す．

インクリメンタ回路は次の (1), (2) の条件によって構成されている．

(a) インクリメンタ (b) デクリメンタ

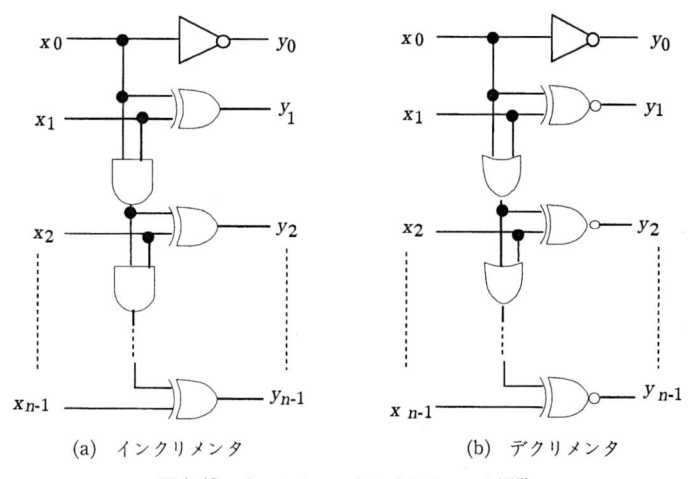

図4.19 インクリメンタとデクリメンタ回路

(1) $y_0 = \bar{x}_0$

(2) $y_i = 1$ となるのは，$x_i = 0$ で i より下の桁がすべて $x_j = 1\,(j < i)$ であるか，または，$x_i = 1$ で i より下の桁の中に $x_j = 0\,(j < i)$ となるものがある場合である．したがって，これを論理式で表すと次式となる．

$$y_i = (x_0 x_1 \cdots x_{i-1}) \bar{x}_i + (\bar{x}_0 + \bar{x}_1 + \cdots + \bar{x}_{i-1}) x_i$$
$$= (x_0 x_1 \cdots x_{i-1}) \oplus x_i \tag{4.26}$$

同様に，デクリメンタ回路は次の (1), (2) の条件によって構成されている．

(1) $y_0 = \bar{x}_0$

(2) $y_i = 1$ となるのは，$x_i = 0$ で i より下の桁がすべて $x_j = 0\,(j < i)$ であるか，または，$x_i = 1$ で i より下の桁の中に $x_j = 1\,(j < i)$ となるものがある場合である．したがって，これを論理式で表すと次式となる．

$$y_i = \overline{(x_0 + x_1 + \cdots + x_{i-1})} \, \bar{x}_i + (x_0 + x_1 + \cdots + x_{i-1}) x_i$$
$$= \overline{(x_0 + x_1 + \cdots + x_{i-1}) \oplus x_i} \tag{4.27}$$

4.3.5 論理演算回路

計算機では，加減乗除の算術演算のほかに，AND, OR, NOT, EOR などの論理演算もしばしば用いられる．このような論理演算を行う回路を**論理演算回路**という．n ビットの算術演算では桁上がりなどによって上位，下位の桁の値がお互いに演算の結果に影響を与えていたが，論理演算では対応するビットごとの値に

よって演算結果の値が定まる．これらの演算結果の値がどのようになるかは，4.2.1項，4.2.2項に述べた内容から明らかである．

従来，論理演算回路の計算機への実装には，
(a) 算術論理演算回路(装置)によるもの
(b) 専用論理演算回路によるもの

の二つの方法がある．

(a)は算術演算回路(主に加算回路)にいくらかの回路を付加して，論理演算機能もあるようにし，算術演算と論理演算の回路を共用している方法である．もちろん(a),(b)を問わず，演算回路へはどの演算を行うかを指定するための制御情報が与えられ，一つの演算が選択される(セレクタ回路によって)．たとえば，加算器におけるi桁目のFAの桁出力s_iは，a_i, b_i, c_iによって

$$s_i = a_i \oplus b_i \oplus c_i \tag{4.28}$$

と表されるので，

$c_i=0$を与えれば，s_iはa_iとb_iのEOR演算

$c_i=0, b_i=1$を与えれば，s_iはa_iのNOT演算

になる．また，桁上げ出力c_{i+1}は

$$c_{i+1} = a_i b_i + b_i c_i + c_i a_i \tag{4.29}$$

であるので，

$c_i=0$を与えれば，c_{i+1}はa_iとb_iのAND演算

$c_i=1$を与えれば，c_{i+1}はa_iとb_iのOR演算

になる．

このような算術論理演算回路は，リップルキャリ形の加算器の場合は構成しやすいが，キャリルックアヘッド形の加算器では共用しにくくなるため構成しにくくなる．したがって，このような場合には，(b)のように算術演算回路とは別に，専用に論理演算回路を設ける．

問 4.24 4ビットのリップルキャリ形の全加減算器(2の補数システム)に，制御情報と回路を加えて，加減算のほかにAND, OR, NOT, EORの論理演算も可能な4ビットの算術論理演算回路を構成しなさい．

4.3.6 シフタ

データや2進数の桁の左右への移動は，単独でもしばしば行われるが，専用の

乗算や除算回路がないシステムでは**シフタ**(桁移動回路)を用いてこれらの演算がなされる．また，浮動小数演算の加減算でも桁合わせのために必要とする．

$$X = (x_{n-1} \cdots x_i \cdots x_1 x_0): \quad \text{シフタへの入力}$$
$$Y = (y_{n-1} \cdots y_i \cdots y_1 y_0): \quad \text{シフタの出力} \qquad (4.30)$$

とするとき，

$$y_i = x_{i-r} \ (r \leq i \leq n-1), \quad y_i = 0 \ (0 \leq i \leq r-1) \qquad (4.31)$$

となるものを r ビット左シフトという．また，

$$y_i = x_{i+r} \ (0 \leq i \leq n-1-r), \quad y_i = 0 \ (n-r \leq i \leq n-1) \qquad (4.32)$$

となるものを r ビット右シフトという．r ビット左(右)シフトは X を $2^r(2^{-r})$ 倍することに対応している．また，関連する動作として

$$y_i = x^{i-r}(x^{i+r}) \qquad (0 \leq i \leq n-1) \qquad (4.33)$$

となるものを，左(右)循環(または巡回)シフトという．ただし，添え字はmodulo n 演算(n を法とする演算)にしたがう．たとえば，3ビット左循環シフトでは，

$$y_{n-1} = x_{n-4},\ y_{n-2} = x_{n-3},\ \cdots,\ y_2 = x_{n-1},\ y_1 = x_{n-2},\ y_0 = x_{n-3}$$

となる．シフタ回路は，おのおのの桁へマルチプレクサ(セレクタ)回路を多数用いたものである．シフトのビット数，左シフト，右シフト，さらには左または右循環シフトの制御情報を与えることによってこれらの動作ができる回路を構成することができる．

[例 4.12] 図4.20は左右3ビットまでのシフトが可能なシフタの y_i のみを出力とするブロック図を示す．すなわち，d の指定によって左シフトか右シフトか ($d=0$ (1) のとき左(右))，$(s_1 s_0)$ の指定によってその2進数の値だけシフトする．結局，シフタはセレクタ回路である．

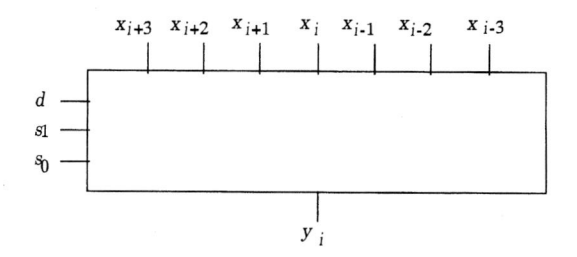

図4.20 左右3ビットシフトブロック図

問 4.25　図 4.20 の左右 3 ビットシフトブロック図のゲート回路を示しなさい．

問 4.26　図 4.20 の左右 3 ビットシフト回路を 16 個用いて，16 ビット入力 16 ビット出力の 3 ビットシフタを構成しなさい（ブロック図でよい）．また，この構成したシフタと同一なもの k 個を，k 段に接続した回路はどのような動作ができる回路となるかを述べなさい．

4.3.7　BUS インタフェース回路

　一つの計算機内部や並列処理システムでの計算機間のデータの転送はバスを用いて行われる．一般に一つのバスには複数個のユニット（プロセッサ，メモリ，I/O インタフェースなど）が並列に接続される．$N_0, N_1, \cdots, N_{n-1}$ の n 個のユニットが一つのバスに接続されている様子を図 4.21 に示す．図では，バスを 1 本の太線で示してあるが，実際にはデータ幅だけの本数と数本の制御信号の線からなる．このように，あるユニットとユニットとがある媒体（接続点の回路）を介して通信するとき，その媒体となる回路を**インタフェース回路**という．

　バスはすべてのユニットが共用することができるが，N_i が N_j へデータを送信している間は他のユニットは使用することはできない．N_i がバスへデータを送信するとき，N_i 以外のすべてのユニットは電気的にバスから切り放された状態にならなければ N_i はデータを出すことができない．なぜならば，N_i があるビット線 L に 1 (0) を出したいときに，あるユニット N_k が L へ 0 (1) を出して接続されていると，線 L へ正しい論理値を送出できないことになる．

　そこで各ユニットは，データをバスに送出するときのみ電気的にバスに接続し，送出しない間は常に電気的にバスから切り放された状態（ハイインピーダンス状態）になればよい．このようなことのできる回路をトライステートバッファ（3 状態バッファ）といい，図 4.22 に示す．この図は一つのトライステートバッファを示しており，バス幅が m ビットであるときは，おのおののユニットはバスへ接続する出力端にこのトライステートバッファを m 個用いて接続する．x

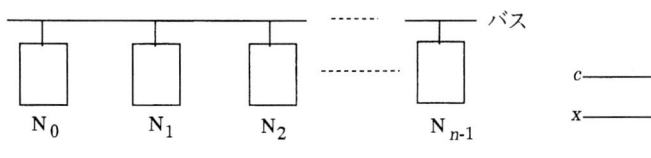

図 4.21　n 個のユニットのバス接続 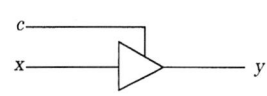　　　　図 4.22　トライステートバッファ

はバッファへの入力(ユニットから出したいデータ),y はバスに接続される線,c は制御信号入力である.すなわち,バスへデータを送出したいユニットは,c を $0 \to 1$ と変えた後に x へ送出したいデータ d を与えると y を通してバスへ論理値 d が送出される.一連のデータの送出が終了したら,c を $1 \to 0$ と戻してバスを開放する.バッファは,その出力 y が 0 と 1 とハイ(高)**インピーダンス**の 3 つの状態をとることがあることから,**トライステートバッファ(3 状態バッファ)**といわれる.

問 4.27 トライステートバッファを用いた 6 入力 1 出力のマルチプレクサ回路を示しなさい.

4.4 記 憶 回 路

記憶回路は,半導体メモリ類,フリップフロップ類,レジスタがある.ここでは,それらの概要と動作,構造などについて学ぶ.

4.4.1 半導体メモリ
a. 半導体メモリの分類

半導体メモリは,**RAM** と **ROM** および**機能メモリ**からなる.RAM は読み書きがともに可能なメモリであり,**DRAM** と **SRAM** からなる.DRAM はコンデンサに電荷が蓄積されているか,いないかによって論理値 0, 1 を記憶する.コンデンサの電荷は漏れ抵抗によって自然に放電するので,一定間隔で充電する必要がある.一方,SRAM は FF 出力が 0 であるか 1 であるかによって情報を記憶するので,電源を切らない限り情報は保存される.

ROM は読み出し専用のメモリであり,**マスク ROM,PROM,EPROM,EEPROM** などがある.読み出し専用であるので,頻繁に用いられるパターン発生,たとえばプリンタの漢字コードパターン発生などに用いられたりする.

普通の半導体メモリとはやや異なった機能メモリと呼ばれるメモリもある.機能メモリは,情報を記憶するのみではなく,ほかに機能の追加されているメモリである.**連想メモリ,FIFO,スタック**などがある.

記憶の持続性という観点から整理すると,電源を切ると情報が消えてしまう**揮発性**と,電源を切っても情報が消えない**不揮発性**とに分けられる.前者には,

RAM類が,後者にはROMが属する.

b. 半導体メモリの構造

メモリチップの読み書きデータのデータ幅は,チップによって異なり,1, 4, 8, 16ビットなどがある.たとえば,$4M$ワード×1 bit, $1M$ワード×4 bit, $256K$ワード×16 bitなどである.ここで,Mは10^6,Kは10^3を意味し,**ワード**とは**アドレス**の数を意味する.すなわち,$4M$ワード×1 bitのメモリは,アドレス数が$4×10^6$(詳しくは$4×2^{20}$)個あり,おのおののアドレスで指定されるデータは,1 bit幅で読み書きされることを意味している.**ニブル転送メモリ**といって,先頭のアドレスを与えると,続く4つのアドレスの内容を次々に読み出せるものもある.

最近のメモリは大容量になってきているので,アドレスビット数が非常に多く必要になってきている.一方,メモリチップの構成を考えると,チップの回りには端子数をあまり多く出すことができない.そこで,チップ端子数を減らす目的から,チップのアドレス端子数は,アドレスビット数の半分とし,アドレスを**上位アドレス**と**下位アドレス**の2つに分け,メモリへのアドレスを2回に分けて送るチップ構成が最近では多い.たとえば,$1M$ワードのチップでは,$(a_{19}\cdots a_1 a_0)$の20ビットで1ワードを指定するが,$(a_{19}\cdots a_{10}),(a_9\cdots a_0)$の10ビットずつの二つに分け,2回転送して,合計20ビットをチップへ転送する.したがって,メモリチップの中では,マルチプレクサによって,それらの行き先を振り分ける.

図4.23はチップの**セグメント分割**例を示す.大容量のメモリも,いくつかの**セルアレイセグメント**(メモリブロック)が集まって構成される.図の例に示すように,一つのブロックは,512ワード×256 bitの**メモリセルアレイ**(512×256の配列のおのおのの交点に一つの記憶素子がある)であるが,それが16個集まってより大きなメモリが構成されている.たとえば,$4M$ワード×1 bitのメモリには,$64K$ bit(記憶素子の総数が$64×2^{10}$であること)のセルアレイセグメ

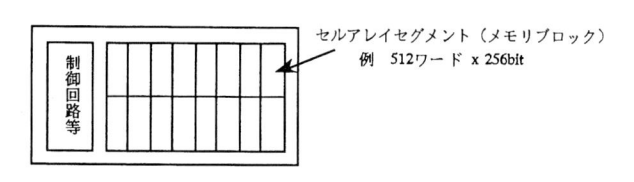

図4.23 チップのセグメント分割例

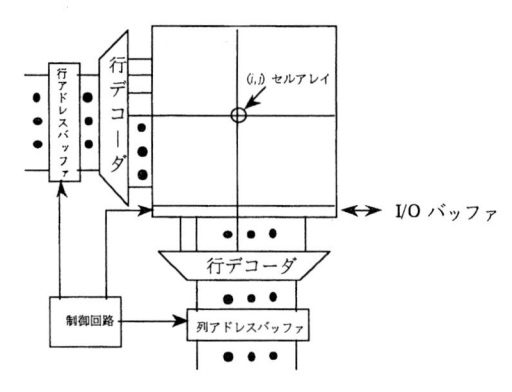

図 4.24 セルアレイセグメントの概念図

ントを 64 個用いて構成しているものがある．図 4.24 は一つのセルアレイセグメントの概念図を示したものである．**行（列）アドレスバッファ**で指定されるアドレスを**行（列）デコーダ**によって一つの行（列）を指定し（指定された線のみが論理値 1 になると考えればよい），交点のセルが指定される．

問 4.28 $1M$ bit の ROM（256 K ワード×4 bit 幅出力，18 bit のアドレス）のみを用いて，1 語 16 bit 幅でアドレ数 $4M$（4×2^{20}, 22 bit のアドレス）のメモリを作りたい．どのように構成すればよいか．

問 4.29 問 4.28 の $1M$ bit の ROM（ここでは PROM とする）を 1 個用いて，入力変数が 18 以下，出力変数が 4 以下の真理値表を満たす論理関数（組合せ回路）を実現することができる．入力変数が 16，出力変数が 3 の真理値表を満たす関数とするには PROM をどのように書き込んで，どのように使用すればよいか．

4.4.2 フリップフロップ回路

ここでは，順序回路の記憶素子となるフリップフロップ（FF：Flip Flop）について述べる．

a. フリップフロップの一般形

フリップフロップ **FF**（Flip Flop）は，順序回路，レジスタ，フラグ，カウンタ，制御回路，演算回路などでデータや状態の一時的な記憶に使用する．フリップフロップ回路自体は**非同期式順序回路**である．

図 4.25 にフリップフロップ（FF）の一般形のブロック図を示す．C はクロック入力であり，この入力のあるものとないものとがある．図では入力を 2 本描いてあるが，1 入力のものもある．Q および $\overline{Q}$ は出力であり，一般に

$Q=1, \bar{Q}=0$ または $Q=0, \bar{Q}=1$

のいずれかである（二つの出力はいつも使うとは限らず，一方のみを使うこともある）．ほかに，セット，リセット端子入力のあるものなど各種の変形がある．

クロック入力がある場合は，入力が変化してもクロック入力（C=1 など）が入らなければ出力は変わらない．したがって，クロック入力がある FF では，クロック入力が入る前の入力変化は出力に変化をもたらさないので，通常は現在の入力に対してクロック入力が入ったらどのように出力が変わるかを考える．この場合，クロックは暗黙のうちに入るものとして考える．出力変化は，クロックの立上りで変化するものや立下りで変化するもの，および C=1 のときは入力に応じて変化し，かつ C=0 のときは C=1 から 0 になるときの入力を保存して出すものなどがある．

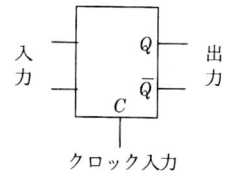

図 4.25 FF の一般形

b. クロック入力のない FF の動作

図 4.26 に **RS-FF, JK-FF, T-FF, D-FF** のブロック図を，表 4.13 にそれらの入出力特性を示す．入出力特性の添字 t は現在の入力または出力状態を，Q^{t+1} は，その入力のときに次にはどの状態に移っていくかの変化先の安定な状態を示している．この安定という意味は，過渡的に生じる出力は考えていないことを意味する．また，出力は 2 本あるが，通常では $Q=1(0)$ のときは，$\bar{Q}=0(1)$ であるので，特に述べる必要がないときは $\bar{Q}$ は記さない（ほかのタイプの FF も同様である）．

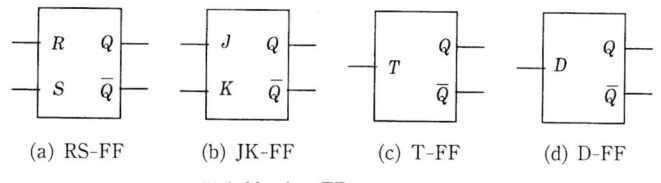

図 4.26 各種 FF のブロック図

表 4.13 各種 FF の入出力特性

(a) RS-FF

S^t	R^t	Q^{t+1}
0	0	Q^t
0	1	0
1	0	1
1	1	*

(b) JK-FF

J^t	K^t	Q^{t+1}
0	0	Q^t
0	1	0
1	0	1
1	1	$\bar{Q}^t$

(c) T-FF

T	Q^{t+1}
0	Q^t
1	$\bar{Q}^t$

(d) D-FF

D	Q^{t+1}
0	0
1	1

RS-FF について記すと，$(S^t R^t)=(00)$ 入力であるとき Q^{t+1} は Q^t となっているのは，この入力のときは出力状態が変わらないことを意味している．$(S^t R^t)=(11)$ 入力であるとき Q^{t+1} には * が付けられている．これは RS-FF では $(S^t R^t)=(11)$ 入力に対して出力を特に指定（規定）していないことを意味する．JK-FF や T-FF では，$JK=11$ または $T=1$ 入力のとき，Q^{t+1} は $\bar{Q}^t$ となっているが，これはこの入力のときは出力状態が現在の状態と反転することを意味している．

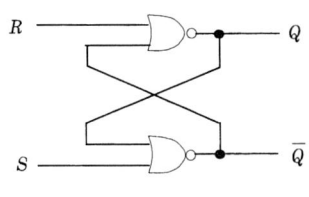

図 4.27　NOR ゲートによる RS-FF

この入出力特性にしたがえば，JK-FF での $JK=11$ 入力，または T-FF で $T=1$ が入力されている状態では，永久に出力状態の反転が繰り返されるのではないかと解釈できる．しかし，このように解釈したのでは一種の発振器になってしまうし，実際に記憶素子として使うこともできないので，$JK=11$ または $T=1$ 入力以外のほかの入力状態から，$JK=11$ または $T=1$ 入力へ変わったときのみ出力状態が現在の状態と反転すると解釈する．したがって，一度 $JK=11$ または $T=1$ 入力へ変わって出力状態が反転したあとは，$JK=11$ または $T=1$ であり続ける限りは出力状態は変化しないと解釈する．

RS-FF の NOR ゲート表現の例を図 4.27 に示す．

c. クロック入力のある FF の動作

ここでは，クロック入力のある FF の動作を示す．同期式順序回路，カウンタ，レジスタ類などに使われるほとんどの FF は，クロック入力のある FF である．

クロック入力のある FF では，一般に入力が変化してもクロックが入らなければ出力は変わらない．したがって，FF の二つの入力が変わってもクロックが入らなければ問題ないので，危険な入力変化などの制限はない．RS, JK, T, D-FF のすべてに対してクロック付きの FF があり，その入出力特性は表 4.13 に示したものと同じである．クロック入力のある RS-FF は，RS-T-FF と呼ばれることもある．これらのクロック付きの FF のブロック図を図 4.28 に示す．ブロック図でのクロック入力の箇所はこのように下側に描かれるとは限らない．また，クロック入力の記号としては CL または CK と書かれることもある．

クロック入力のある FF では，FF の入力をどのようなタイミングで取り込む

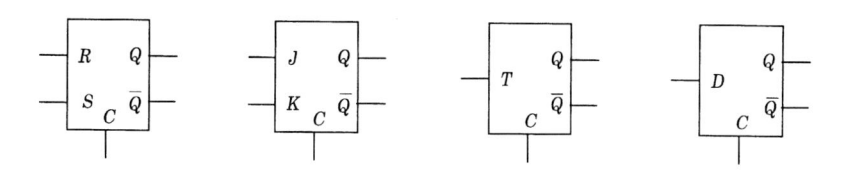

図 4.28 クロック入力のある FF のブロック図

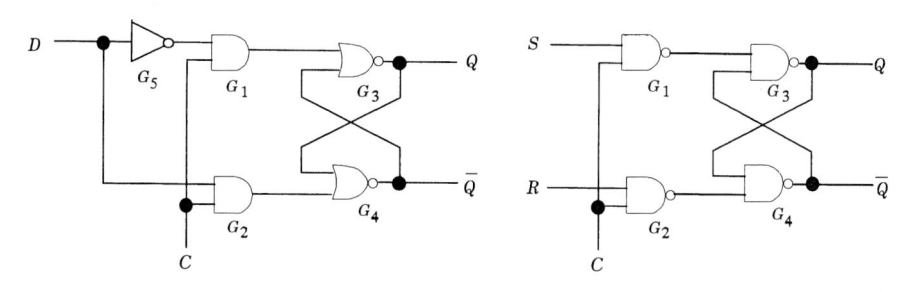

図 4.29 狭クロック形 D-FF

図 4.30 狭クロック形 RS-T-FF

かが問題となる．以下では，図 4.29 の D-FF 回路例を用いてこの**入力取込みの問題**を考えてみよう．後述の図 4.36(a) に示す順序回路を例にとると，クロック入力 C が 0→1 と変わって，新しい FF 出力を出したとき (D_i の FF とする)，その論理値が組合せ回路 N へ入力される．このとき N 内の信号伝搬時間が小さいために N の出力へその論理値が伝搬し，D_i の入力へまた達したとする．しかしまだ C=1 である期間内であるとすれば D_i の出力もまた変わってしまうことになる (この問題を FF の**"つつぬけ問題"**という)．このようになってしまってはクロックを用いて同期をとろうとした意味がなくなってしまうことになる．

つつぬけ問題を解消できるものとして，クロックの C=1 である期間(幅) τ を狭くする**狭クロック方式**，クロックが 0→1 と変化する立ち上がり (または 1→0 と変化する立ち下がり) に FF の値をセットする**エッジトリガ方式**，二つの FF を直列に接続して同期のとれた二つのクロック C_1, C_2 をおのおのの FF へ入力する **2 相クロック方式**，2 相クロック方式と考え方が同様な**マスタスレーブ方式**などがある．図 4.29 から図 4.32 にそれらの回路例を示す．

d. FF の駆動条件

いままでは，各種の FF の入出力特性やクロックのタイミングの問題などを示した．クロックの扱いについては，用いる FF によっていままでに述べた方法によって規定されることになるが，そのほかの信号に対する入出力を整理しておく

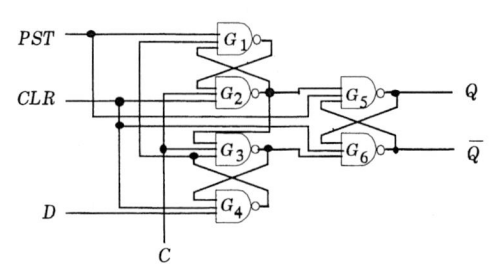

図 4.31 クリア，プリセット入力をもつ(正縁)エッジトリガ形 D-FF

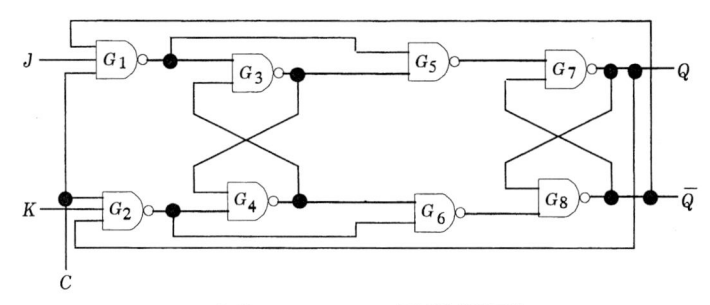

図 4.32 マスタスレーブ形 JK-FF 回路

と便利である．すなわち，実際に FF を用いて目的の順序回路を設計するとき，現在の状態 Q^t から次の状態 Q^{t+1} への変化(遷移)に要求される入力条件(これは**駆動条件**といわれる)が必要になる．これは，FF の入出力特性(状態遷移関数)から得られるものであるが，このような観点からこの特性を知っておくと便利である．表 4.14 にこの駆動条件を記す．

表 4.14 FF の駆動条件

Q^t	Q^{t+1}	RS-FF		JK-FF		T-FF	D-FF
		S^t	R^t	J^t	K^t	T^t	D^t
0	0	0	*	0	*	0	0
0	1	1	0	1	*	1	1
1	0	0	1	*	1	1	0
1	1	*	0	*	0	0	1

4.4.3 レジスタ

レジスタは高速記憶素子(主に D-FF)の集まりであり，データの**一次的な記憶**に用いられる．一般に，**バス**(データの伝送通路であり，8 ビット，16 ビット，32 ビットなどのデータ幅をもつ．データ線のほかに数ビットの制御線も一

4.4 記憶回路

般に含む)のビット数(幅)に等しいビット数を記憶単位とし，バスに接続される．一般には特定な場所に専用に配置される場合が多いが，複数のレジスタをまとめてレジスタ群としてもつ場合もあり，このような場合には，RAMやROMと同様にアドレスによってレジスタ群の中の一つのレジスタが指定される．プロセッサなどの演算の対象になるオペランドを一次的に格納したり，演算の結果を一次的に格納したりするのに用いられたりする．それらのレジスタの用いられる用途によって特殊な名前が付けられたりする．それらの例を記す．

命令レジスタ，メモリアドレスレジスタ，メモリバッファレジスタ，インデックスレジスタ，ベースレジスタ，汎用レジスタ，フラグレジスタ．

問 4.30 図4.33に示す回路が，RS-FFの動作をするかを入出力特性または状態遷移図を作って答えなさい．

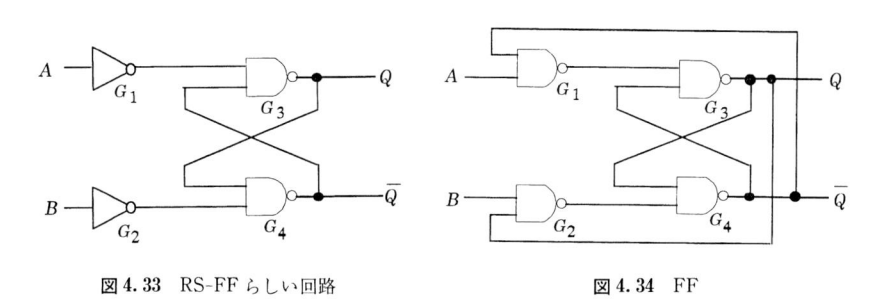

問 4.31 クロックなしのJK-FFにおいて，その動作が表4.13にしたがうならば，$JK=01$ 入力と，$JK=10$ 入力とはその間の入力遷移を行わせてもお互いに安全な入力変化であることを示しなさい．ここで，$JK=01 \to 10$ ($10 \to 01$ の場合も同様) の入力変化を起こすとき，時間や回路動作をミクロ的にみれば，2ビットの入力がまったく同時に変化することは実際にはなく，$JK=01 \to 11 \to 10$ と遷移する場合と，$JK=01 \to 00 \to 10$ と遷移する場合との2通りが考えられる．どのような遷移経路を経ても，最終的な安定出力が同じであるとき，安全であるという．

図4.33 RS-FFらしい回路

図4.34 FF

問 4.32 図4.34の回路がJK-FFの動作をするかを入出力特性または状態遷移図を作って答えなさい．ただし，信号がゲートを通過するのに要する時間(ゲート遅延時間)はすべてのゲートにおいて同じある値 τ であり，これに比べて配線は遅延がないと仮定できるものとする．

問 4.33 JK-FFを用いてT-FFの動作をさせるにはどうすればよいかを述べなさい．

問 4.34 JK-FFとNOTゲートを用いてD-FFの動作をさせるにはどうすればよ

いかを述べなさい．

問 4.35 クロック入力のない JK-FF と二つの 2 入力 AND ゲートとを用いて，クロック入力のある JK-FF 回路を描きなさい．また，この回路がクロック入力のある JK-FF の動作をすることを確認しなさい．

問 4.36 図 4.30 に示すクロック入力のある RS-FF 回路 (RS-T-FF 回路) において，$Q=1$，$\overline{Q}=0$ である状態のとき ($C=0$ でもある)，$R=1$，$S=0$ が入力されている．この状態で，クロックパルス C が $0 \to 1$ へと上がった．しかし，C が $1 \to 0$ へ下がる前の $C=1$ である間に $R=1$，$S=1$ と変わり，そのあとで，C が $1 \to 0$ へと下がった．C が $1 \to 0$ へと下がったあとでは，この RS-FF は何を出力しているかを理由とともに述べなさい．

問 4.37 図 4.35 に示す回路が，マスタスレーブ形 JK-FF 回路の動作をすることを確認しなさい．

問 4.38 図 4.32 のマスタスレーブ形 JK-FF 回路を参考にして，マスタスレーブ形 D-FF 回路を示しなさい．

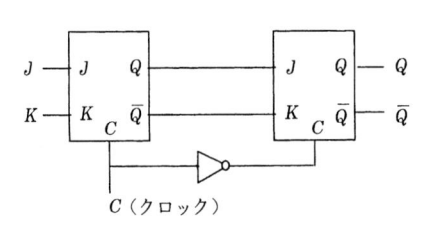

図 4.35 マスタスレーブ形 JK-FF

4.5 順序回路

ここでは順序回路の概念，実際の構成法を学ぶ．また，順序回路の中の代表的な回路であるシフトレジスタとカウンタについて動作と構造を理解する．

4.5.1 順序回路の概念

3.1，3.6，および 4.1 節で学んだように，制御回路は記憶素子を含む順序回路からなっていた．ここでは，順序回路の概念と順序回路の表現について学ぶ．

順序回路は，いままでに回路へ加えられた入力系列と現在の入力によって出力が決定される回路である．そのため，順序回路ではいままでにどのような入力系列が加えられたかによって決定されるある記憶状態をもつ．計算機は主に制御部，演算部，メモリ部からなるが，その制御部は代表的な順序回路である．一般に，何らかの制御を必要とする論理回路には順序回路が含まれている．また，日常生活の中では順序回路の動作を表す代表的なものに自動販売機などがある．

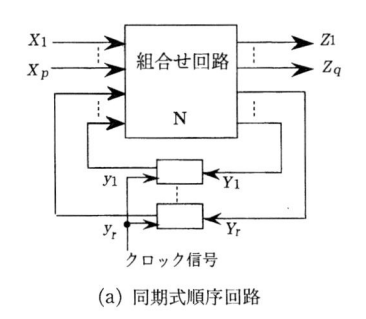

4.5 順序回路

図 4.36 順序回路のタイプ
(a) 同期式順序回路
(b) 非同期式順序回路 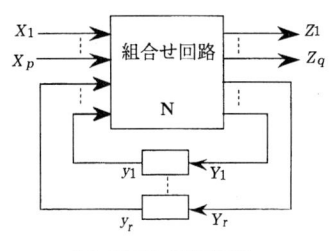

　一般の順序回路は，図 4.36 (a) に示す**同期式順序回路**である．また，特別なものとして図 4.36 (b) に示す**非同期式順序回路**がある．ともに，フィードバックループをもっているのが特徴である．この**フィードバックループ**中に記憶素子としてフリップフロップが挿入されるのが同期式順序回路であり，そのようなフリップフロップなどまったく挿入しないか，または遅延素子（入力された信号がある一定時間のあとに出力される素子）を挿入するだけのものが非同期式順序回路である．回路中に記されている各記号は次の意味である．

　　$(x_1 x_2 \cdots x_p)$：順序回路への外部からの入力（**入力**または**外部入力**）
　　$(y_1 y_2 \cdots y_r)$：組合せ回路 N への内部からの入力（**状態**または**内部状態**）
　　$(z_1 z_2 \cdots z_q)$：順序回路から外部への出力（**出力**または**外部出力**）
　　$(Y_1 Y_2 \cdots Y_r)$：組合せ回路 N から内部への出力（**状態出力**または**次状態出力**）

　同期式順序回路は，組合せ回路 N の状態出力 $(Y_1 Y_2 \cdots Y_r)$ をクロック信号に同期して一斉に $(y_1 y_2 \cdots y_r)$ の信号として N へ加えるものである．一般に $(x_1 x_2 \cdots x_p)$ と $(y_1 y_2 \cdots y_r)$ が N へ与えられたとき，N の回路内のゲートや配線を信号が次々に伝搬して新しい出力 $(z_1 z_2 \cdots z_q)$, $(Y_1 Y_2 \cdots Y_r)$ が得られる．ゲートや配線には信号が入力されてから出力されるまでには時間遅れ（遅延）があり，これらの値が得られる時間的なタイミングは一般に異なる．したがって，$(Y_1 Y_2 \cdots Y_r)$ の中のある Y_i の論理値がほかのものより早く変わり，その結果が入力 y_i としてただちに組合せ回路に入力されると $(z_1 z_2 \cdots z_q)$ や $(Y_1 Y_2 \cdots Y_r)$ が正しい値とならない場合がある．これらを一斉に出すようにする設計は非常に困難なものになる．

　そこで，クロック信号と呼ばれる信号が入るまでは，$(Y_1 Y_2 \cdots Y_r)$ の論理値が

変わってもさしつかえなく，$(Y_1Y_2\cdots Y_r)$ の論理値が定まってから一斉に $(y_1y_2\cdots y_r)$ の値を更新するようにすれば上で述べた問題は解消される．すなわち，現在の状態が $(y_1y_2\cdots y_r)$ であるとき，$(x_1x_2\cdots x_p)$ を加え，信号が回路内を伝搬して N の出力が変わり，さらに，N の出力が何も変わらなくなった時点 (安定したという) よりあとにクロック信号を加え，$(y_1y_2\cdots y_r)$ を一斉に変えると同時に新しい入力 $(x_1x_2\cdots x_p)$ も加えればよい．

図 4.37 クロック信号

一般に，クロック信号が入る間隔は，N へのどのような入力が加えられても出力が安定するまでに要する時間より少し大きな値 T に設定される (図 4.37)．また，$(y_1y_2\cdots y_r)$ を一斉に出すタイミングはクロック信号の立ち上がりまたは立ち下がりのいずれかに設定される．図 4.36 (a) では，フリップフロップの入出力 Y_i, y_i は 1 本ずつで描いてあるが，フリップフロップによっては 2 本ずつあるものもある．

このように，同期式順序回路では，一定のタイミングごとに新しい入力が加えられて安定した動作がなされる．

一方，図 4.36 (b) に示す非同期式順序回路では，フィードバックループ中にフリップフロップなどをまったく挿入しないか，または遅延素子を挿入するだけである．したがって，$(Y_1Y_2\cdots Y_r)$ の論理値が変わるにつれて $(y_1y_2\cdots y_r)$ の論理値も変わるため，設計は大変むずかしくなる．したがって，比較的小規模な特別な回路以外は，非同期式順序回路によって大きな順序回路を構成することは一般には行わない．フリップフロップ自体は非同期式順序回路である．したがって，同期式順序回路は，非同期式順序回路と組合せ回路とを構成要素にして構成しているといえる．

4.5.2 順序回路の表現

ここでは，順序回路の表現として，まず最初に順序回路の数学的表現について述べたあと，状態遷移図と状態遷移表について説明する．

a. 順序回路の数学的表現

順序回路 M は一般に次のような数学的表現で表すことができる．

$$M = (S, X, Z, f, g) \tag{4.34}$$

S：状態集合

4.5 順序回路

(a) Mealy 形順序回路 (b) Moore 形順序回路

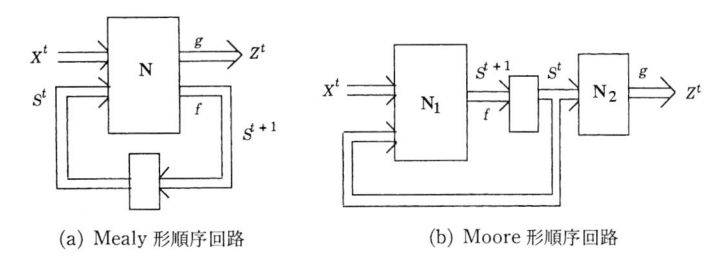

図 4.38 順序回路

X：入力記号集合
Z：出力記号集合
f：**状態遷移関数**　$S \times X \to S$
g：**出力関数**　　　$S \times X \to Z$：Mealy 形順序回路
　　　　　　　　　　$S \to Z$：Moore 形順序回路

図 4.38 (a) は **Mealy 形順序回路**，図 4.38 (b) は **Moore 形順序回路**である．図の中の N, N_1, N_2 は組合せ回路である．Moore 形順序回路は Mealy 形順序回路の特別な場合であると考えることもでき，出力は現在の状態のみから決定される．図 4.36 は Mealy 形順序回路である．順序回路は，**順序機械，有限状態機械**，または**オートマトン**などといわれることもある．

現時点の時刻を t として，順序回路 M の動作を記すと次のようになる．

　　　　　　　S^t：時点 t での状態
　　　　　　　X^t：時点 t での入力
$$Z^t = g(S^t, X^t) \tag{4.35}$$
　　　　　時点 t で S^t の状態，X^t が入力されているときの出力
　　　　　g：出力関数
$$S^{t+1} = f(S^t, X^t) \tag{4.36}$$
　　　　　時点 t で S^t の状態，X^t が入力されているときの次の状態出力
　　　　　f：状態遷移関数

b. 状態遷移図

枝（アーク）とノード（節点）にラベル（名前）をもつ有向グラフによって順序回路の動作を表現したものを**状態遷移図**という．

Mealy 形順序回路では，

$X_i \in X$, $Z_j \in Z$, $S_k, S_m \in S$ に対して $f(S_k, X_i) = S_m$, $g(S_k, X_i) = Z_j$
$$(4.37)$$

であるとき，グラフのノード（節点）S_k から S_m への有向枝があり，その有向枝にはラベル X_i/Z_j を付ける．Mealy 形順序回路では，一般におのおのの状態で何が入力されたかによって出力は変わるため，枝には入力とともに出力が付けられる．

Moore 形順序回路では，
$X_i \in X$, $Z_j \in Z$, $S_k, S_m \in S$ に対して $f(S_k, X_i) = S_m$, $g(S_k) = Z_j$, $g(S_m) = Z_l$
$$(4.38)$$

であるとき，グラフのノード（節点）S_k/Z_j から S_m/Z_l への有向枝があり，その有向枝にはラベル X_i を付ける．Moore 形順序回路では，出力は状態のみで決定されてしまうので，状態とともに出力をノードの中へ記す．

[例 4.13] 図 4.39 は順序回路 M_1, M_2 の状態遷移図を示す．

図 4.39 (a) の Mealy 形順序回路 M_1 では，たとえば S_0 の状態で，0 (1) が入力されると 1 (0) を出力しており，次には状態 S_1 (S_2) へ移る．

図 4.39 (b) の Moore 形順序回路 M_2 では，たとえば S_0 の状態では 0 を出力しており，0 (1) が入力されると，次には状態 S_1 (S_3) へ移る．

(a) Mealy 形順序回路 M_1　　　(b) Moore 形順序回路 M_2

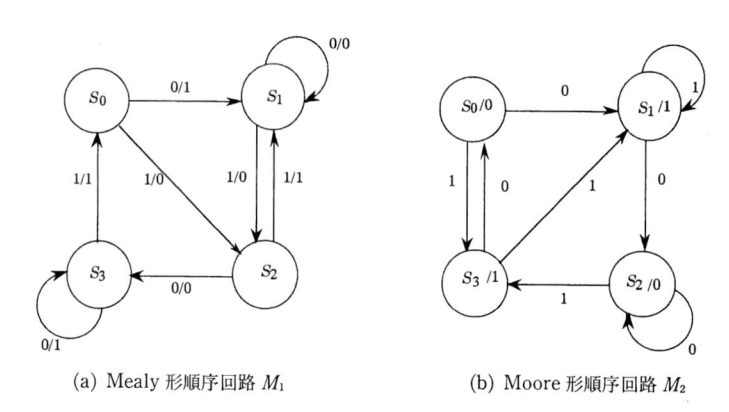

図 4.39　順序回路 M_1, M_2 の状態遷移図

c.　状態遷移表

以下の例 4.14 に示すように，順序回路の動作を表によって表現したものを**状態遷移表**と呼ぶ．状態遷移図は簡単な順序回路の場合は理解しやすいが，複雑な

順序回路の場合にはこのような表の方が明確に表現できる．

[例 4.14] 図 4.39 の順序回路 M_1, M_2 の状態遷移表を記すと，おのおの表 4.15 の (a), (b) のようになる．時間的関係が明確にわかるようにおのおのの変数には添字 t と $t+1$ が付けられている．$S^{t+1}, Z^t, S^{t+1}/Z^{t+1}$ は X^t が 0 か 1 かによって異なるので，それらの列は 2 列必要である．一般にそれらの列は入力記号の数だけ必要になる．

表 4.15 順序回路 M_1, M_2 の状態遷移表

(a) Mealy 形順序回路 M_1

S^t	S^{t+1}		Z^t	
	X^t		X^t	
	0	1	0	1
S_0	S_1	S_2	1	0
S_1	S_1	S_2	0	0
S_2	S_3	S_1	0	1
S_3	S_3	S_0	1	1

(b) Moore 形順序回路 M_2

S^t/Z^t	S^{t+1}/Z^{t+1}	
	X^t	
	0	1
$S_0/0$	$S_1/1$	$S_3/1$
$S_1/1$	$S_2/0$	$S_1/1$
$S_2/0$	$S_2/0$	$S_3/1$
$S_3/1$	$S_0/0$	$S_1/1$

問 4.39 自動販売機 (250 円カンビールのみ) に対して，Mealy 形順序回路の状態遷移表と状態遷移図を作りなさい．ただし，入力は 50 円または 100 円硬貨のみとする．

問 4.40 日常生活や一般社会の中で，状態遷移図で表せる現象 (事柄など何でもよい) を状態遷移図で示し，おのおのの状態と遷移 (枝) を説明しなさい．ただし，対象によってはきわめて簡単にモデル化する (仮定する)．

問 4.41 例 4.13 の順序回路のように状態数 4，入力記号数 2，出力記号数 2 の順序回路のあり方は全部で何通りあるか．また一般に，状態数 n_s，入力記号数 n_x，出力記号数 n_z の順序回路では全部で何通りあるか．

4.5.3 順序回路の構成

ここでは，順序回路の入出力を再度整理し，構成手順を示したあとで，例によって具体的に順序回路を構成してみる．

順序回路の p 個の変数からなる入力を $x=(x_1, x_2, \cdots, x_p)$，$q$ 個の変数からなる出力を $z=(z_1, z_2, \cdots, z_q)$，$r$ 個の変数からなる状態を $y=(y_1, y_2, \cdots, y_r)$ とする．このとき，順序回路のおのおのの状態は状態変数のおのおのの 2 値ベクトルへ対応付けられており (この対応付けを行うことを**状態割当て**という)，順序回路の状態数を n とすると，次式を満たす r が必要な最小数のものである．

$$2^{r-1} < n \leq 2^r$$

結局，r は次式となる．

$r = \lceil \log_2 n \rceil$（ここでは，$\lceil x \rceil$ は x 以上の最小整数を表すものとする）

以上の変数に対して，時間（クロック）の概念を取り入れて入出力の関係を関数によって改めて記すと，以下のようになる（以下では，Mealy形順序回路についてのみ記す）．ここで，添字 t および $t+1$ が付けられた各変数は，時刻 t および時刻 $t+1$ での変数の値を示している．また，状態遷移関数，出力関数はおのおの r 個と q 個の関数からなるのでベクトルで表されている．

$$\boldsymbol{y}^{t+1} = \boldsymbol{f}(\boldsymbol{y}^t, \boldsymbol{x}^t) \tag{4.39}$$

$$(y_1^{t+1}, y_2^{t+1}, \cdots, y_r^{t+1}) = \boldsymbol{f}(y_1^t, y_2^t, \cdots, y_r^t, x_1^t, x_2^t, \cdots, x_p^t) \tag{4.40}$$

$$\boldsymbol{z}^t = \boldsymbol{g}(\boldsymbol{y}^t, \boldsymbol{x}^t) \tag{4.41}$$

$$(z_1^t, z_2^t, \cdots, z_q^t) = \boldsymbol{g}(y_1^t, y_2^t, \cdots, y_r^t, x_1^t, x_2^t, \cdots, x_p^t) \tag{4.42}$$

図4.40はこれらの関係を回路図で示している．

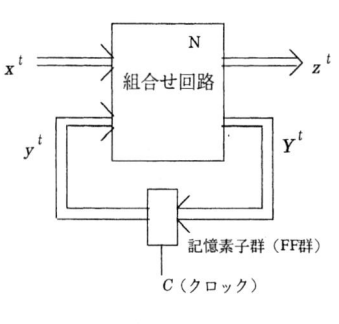

図4.40 順序回路

ここで，注意しなければならないことは，図4.40ではFFの入力が $\boldsymbol{y}^{t+1}$ ではなく $\boldsymbol{Y}^t$ となっていることである．すなわち，時刻 $t+1$ では，FFの出力から $\boldsymbol{y}^{t+1}$ を出したいわけであるが，その出力は現在のFFの状態とFFへの入力に依存しており，FFの入力としては次の時刻 $t+1$ に $\boldsymbol{y}^{t+1}$ を出せるように時刻 t ではFFへ入力する必要がある．すなわち，4.4.2項d.でFFの駆動条件を整理したが，用いるFFによってその駆動条件が異なるので，それに合わせた入力とする必要がある．式(4.39)では，$\boldsymbol{y}^t$ と $\boldsymbol{x}^t$ から $\boldsymbol{f}$ によって $\boldsymbol{y}^{t+1}$ が直接導出されるように記述されているが，FFの動作に合わせてその内訳を詳しく記述すると次のようになる．ここで，FF自身の状態遷移関数を $\boldsymbol{f}_2$ とすると

$$\boldsymbol{y}^{t+1} = \boldsymbol{f}_2(\boldsymbol{y}^t, \boldsymbol{Y}^t) \tag{4.43}$$

を満たす必要があり，さらに，$\boldsymbol{Y}^t$ を与えるための関数を $\boldsymbol{f}_1$ とすると，

$$\boldsymbol{Y}^t = \boldsymbol{f}_1(\boldsymbol{y}^t, \boldsymbol{x}^t) \tag{4.44}$$

である．すなわち，$\boldsymbol{y}^{t+1}$ は次のように表される．

$$\boldsymbol{y}^{t+1} = \boldsymbol{f}(\boldsymbol{y}^t, \boldsymbol{x}^t) = \boldsymbol{f}_2(\boldsymbol{y}^t, \boldsymbol{Y}^t) = \boldsymbol{f}_2(\boldsymbol{y}^t, \boldsymbol{f}_1(\boldsymbol{y}^t, \boldsymbol{x}^t)) \tag{4.45}$$

D-FFは特別な場合であり，

$$\boldsymbol{y}^{t+1} = \boldsymbol{f}_2(\boldsymbol{Y}^t) \tag{4.46}$$

である．

以下に，順序回路の構成手順をステップ順に示す．のちの例4.15ではこのステップ順にしたがって順序回路を構成している．

[構成手順]

Step 1：状態数より，必要な記憶素子の個数 r を定める．

Step 2：状態遷移表 T_1 を作る．

Step 3：状態変数の状態割当てを行い，Step2の状態遷移表 T_1 のおのおのの状態へ，その状態変数のベクトルを代入した表 T_2 を作成する．

Step 4：表 T_2 を並べ換えて，入力対出力の真理値表 T_3 を作る．さらに，T_3 の中の個々のFFの遷移 (y_i^t, y_i^{t+1}) に着目し，使用するFFの駆動条件を T_3 へ加えた表を T_4 とする．

Step 5：T_4 より，おのおのの出力変数を入力変数の関数とし，簡単化を行って回路を構成する．

[例 4.15] 図4.41の状態遷移図を満たす順序回路を3進リングカウンタという．同期式のRS-T-FFを用いてこの動作のできる回路を構成してみよう．ここで，3進リングカウンタとは，クロックが入ったときに1が入力されているならば，カウンタの値を一つ大きくし (0が入力されているならばカウンタの値を変えない)，カウンタの値が2のときに1が入力されたならば1を出力して，0の値へ戻るものである．すなわち，カウンタの値は1が入るごとに $0 \to 1 \to 2 \to 0 \to 1 \to 2 \to \cdots$ を繰り返す．また，RS-T-FFは電源を入れたときに0にセットされるものとする．

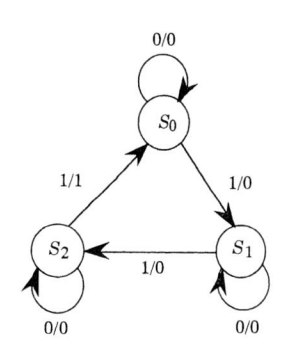

図 4.41 3進リングカウンタの状態遷移図

以下，[構成手順] のステップ順に述べる．

Step 1：$r = \lceil \log_2 n \rceil = \lceil \log_2 3 \rceil = 2$

Step 2：遷移表 T_1 を求めると表4.16となる．

Step 3：二つの状態変数 y_1, y_2 に対して，各状態を次のように割り当てるとする．

	y_1	y_2
S_0	0	0
S_1	0	1
S_2	1	0

この割当てを,表 4.16 へ代入すると,表 4.17 の表 T_2 が得られる.

表 4.16 T_1

S^t	S^{t+1} X^t 0	S^{t+1} X^t 1	Z^t X^t 0	Z^t X^t 1
S_0	S_0	S_1	0	0
S_1	S_1	S_2	0	0
S_2	S_2	S_0	0	1

表 4.17 $T_2(y^t=(y_1^t y_2^t),\ y^{t+1}=(y_1^{t+1} y_2^{t+1}))$

$y_1^t y_2^t$		$y_1^{t+1} y_2^{t+1}$ x^t 0	$y_1^{t+1} y_2^{t+1}$ x^t	$y_1^{t+1} y_2^{t+1}$ x^t 1		z^t x^t 0	z^t x^t 1
0	0	0	0	0	1	0	0
0	1	0	1	1	0	0	0
1	0	1	0	0	0	0	1

Step 4:表 T_2 を並べ換えて現在の入力 x^t と状態 $y_1^t y_2^t$ に対する次の状態 $y_1^{t+1} y_2^{t+1}$ と現在の出力 z^t を記すと表 4.18 の $T_3(x^t y_1^t y_2^t y_1^{t+1} y_2^{t+1} z^t)$ 部分となる. * が記入されている行は,そのような入力が特に指定されていないためである (すでに don't care として学んだところである).

次に, T_3 の各行に対して,二つの $y_1^t \to y_1^{t+1}$, $y_2^t \to y_2^{t+1}$ の遷移に要求される RS-T-FF の入力条件(駆動条件)$(Y_{1S}^t\ Y_{1R}^t),\ (Y_{2S}^t\ Y_{2R}^t)$ を求めたものを T_4 $(x^t y_1^t y_2^t z^t Y_{1S}^t Y_{1R}^t Y_{2S}^t Y_{2R}^t)$ として T_3 へ追加する(表 4.18 の右側の $(Y_{1S}^t Y_{1R}^t Y_{2S}^t Y_{2R}^t)$ の列の追加).

表 4.18 $T_3(x^t y_1^t y_2^t y_1^{t+1} y_2^{t+1} z^t)$ と $T_4(x^t y_1^t y_2^t z^t Y_{1S}^t Y_{1R}^t Y_{2S}^t Y_{2R}^t)$

x^t	y_1^t	y_2^t	y_1^{t+1}	y_2^{t+1}	z^t	Y_{1S}^t	Y_{1R}^t	Y_{2S}^t	Y_{2R}^t
0	0	0	0	0	0	0	*	0	*
0	0	1	0	1	0	0	*	*	0
0	1	0	1	0	0	*	0	0	*
0	1	1	*	*	*	*	*	*	*
1	0	0	0	1	0	0	*	1	0
1	0	1	1	0	0	1	0	0	1
1	1	0	0	0	1	0	1	0	*
1	1	1	*	*	*	*	*	*	*

Step 5:x^t, y_1^t, y_2^t を入力変数, $Y_{1S}^t, Y_{1R}^t, Y_{2S}^t, Y_{2R}^t, z^t$ を出力変数とする関数(以下では明らかであるので添字の t は付けてない)をカルノー図表より求めると,図 4.42 に示すおのおののカルノー図と関数が得られる.

$Y_{1S} = xy_2$

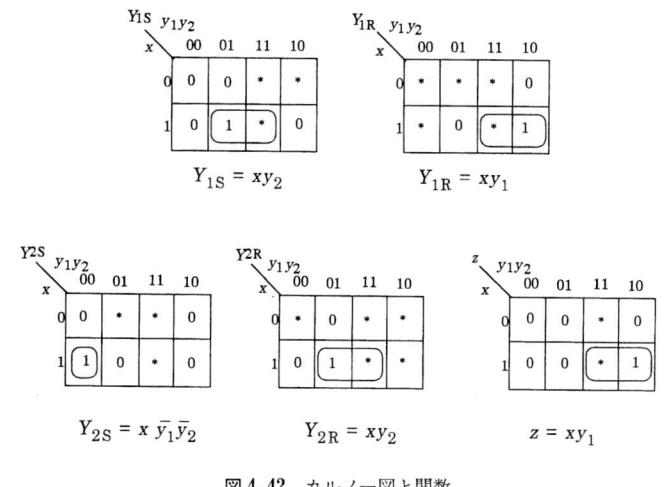

$Y_{1R} = xy_1$

$Y_{2S} = x\bar{y}_1\bar{y}_2$

$Y_{2R} = xy_2$

$z = xy_1$

図 4.42 カルノー図と関数

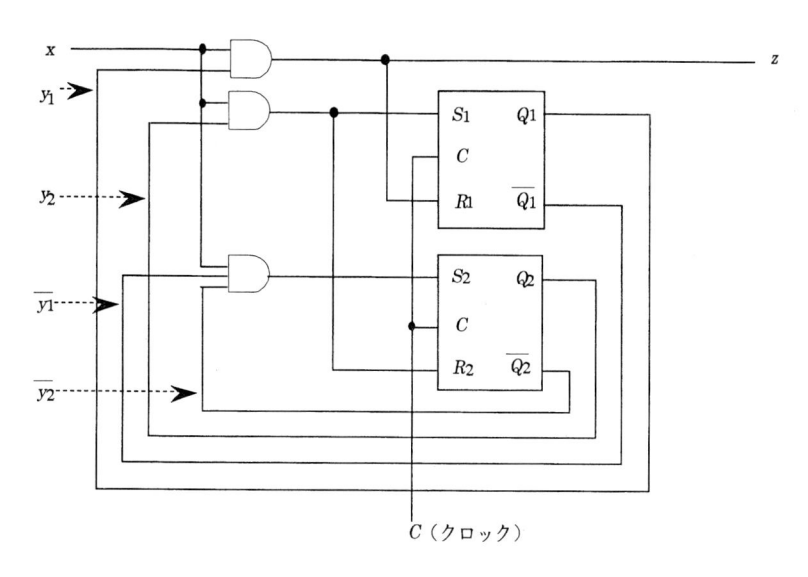

図 4.43 3進リングカウンタ回路

以上の関数より，回路図を構成すると，図 4.43 の回路が得られる．

問 4.42 JK-FF を使って，4進リングカウンタ回路を構成しなさい．

問 4.43 問 4.39 の自動販売機の順序回路を T-FF を用いて構成する場合について，Step 4 の T_4 の表まで求めなさい（余裕のある者，あるいは計算機プログラムに挑戦する者は，クワイン・マクラスキー (Quine-McCluskey) 法によって主項を求めて，簡約

な関数を導出し，回路を求めてみなさい．この場合は，変数が多いので，ベイチ図やカルノー図は使用できない）．

4.5.4 シフトレジスタ

レジスタと同様に複数個のFFからなるが，レジスタのように単に一次的な記憶に用いられるのではなく，いくつかのシフト動作をするものである．このように，シフト動作が可能なレジスタを**シフトレジスタ**という．4.3.6項で述べたシフタが記憶をもたない組合せ回路であるのに対して，シフトレジスタは記憶をもつFFを主体に構成される．シフトレジスタの例を図4.44にブロック図で示す．

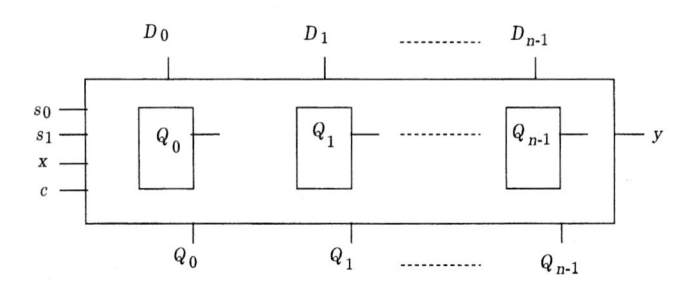

図4.44 シフトレジスタの例

$D_0, D_1, \cdots, D_{n-1}$：初期値設定用データ入力
$Q_0, Q_1, \cdots, Q_{n-1}$：出力データであり，内部のFF出力に等しい
$x(y)$：右（左）シフト動作での1ビット幅入力データ
$(s_1 s_0)$：右シフト，左シフト，巡回右シフト，巡回左シフトなどのシフト動作のタイプ（モード）を指定する制御信号
c：クロック入力

問 4.44 クロック入力をc，初期値設定入力をD_0, D_1, D_2, D_3，出力をQ_0, Q_1, Q_2, Q_3とする4ビットレジスタの巡回右シフトの専用シフトレジスタを構成しなさい．シフトビットは巡回右1ビットとする．初期値設定と巡回右1ビットシフトの二つのモードの指定が必要である．

問 4.45 4.4.3項で説明したレジスタと4.3.6項で説明したシフタを用いてシフトレジスタが構成されると考えることができる．この考えの下に，8ビット幅の左右1ビットシフトと，左右1ビット巡回シフト，および初期値設定の五つの動作のできるシフトレジスタを構成しなさい．

問 4.46 EORとFFのみからなる回路を（2を法とする）**線形回路**という．EORのみからなるパリティ回路も線形回路である．図4.45に示すようなEORとFF（D-FF）のみからなる回路は5ビットの線形回路（クロック入力は示してない）であり，**線形**

4.5 順 序 回 路

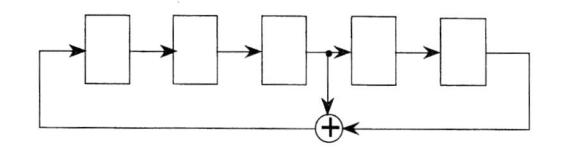

図 4.45 線形フィードバックシフトレジスタ

フィードバックシフトレジスタといわれ，**0**ベクトルを除くすべてのパターンを発生できる．初期値として (10000) がセットされたものとして，クロック信号が次々に与えられるとき，どのような出力を次々に出すかを求めなさい．このような線形フィードバックシフトレジスタは **M系列**（ランダム）**パターン発生器**として用いられたりする．

4.5.5 カ ウ ン タ

カウンタ（計数回路）は計算機の制御回路部における**プログラムカウンタ**や計時機能回路（**タイマ**）などに用いられ，大変用途の多い回路である．

・FF 類といくらかのゲートにより構成
・各桁の FF へのトリガ入力が，直列に伝搬する**非同期式**と，並列に加えられる**同期式**とがある．
・順序回路の特別なものである（例 4.15，問 4.42 など）．したがって，複雑な動作を行うカウンタの場合は順序回路の設計と同様に行えばよい．しかし，一般のカウンタの場合には単純な動作が多いので，FF の特性から容易に構成することもできる（例 4.16 など）．
・カウンタへの入力に 1 が一つ入るごとに（同期式ではクロックの立ち上がりまたは立ち下がり時点に 1 が入力されていたかどうかによって），値が一つ増加（減少）する **up**（**down**）**カウンタ**，値が 0 から 1 つずつ増加して $n-1$ までいき次は 0 に戻る n 進**リングカウンタ**，10 進数で表示する 10 進カウンタなど，各種のタイプのものがある．
・カウンタの初期値をセットできるものやリセットできるものなどもある．

[例 4.16] 図 4.46 に 2^n 進リップルカウンタを示す．リップルカウンタであるので非同期式である．T-FF を n 段つなぎ，トリガ (I) はクロック入力とする．

・Reset：1 を入力することにより，各 FF を $Q=0$ とセットできる．
・($Q_0 Q_1 \cdots Q_{n-1}$) の値が，入力 I に 1 の入力された回数（個数）を 2 進数で示す．Q_i は 2^i の桁．

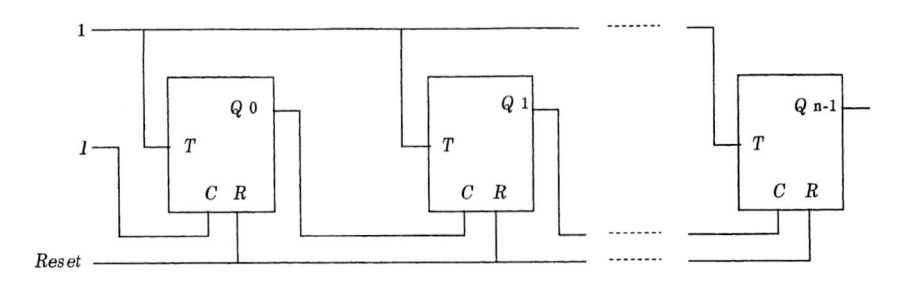

図 4.46 T-FF による 2^n 進リップルカウンタ

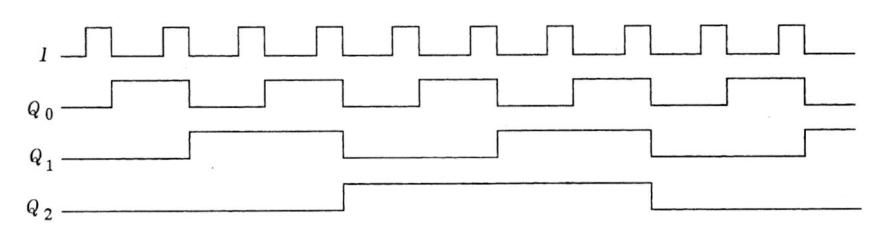

図 4.47 入力 I に対する Q_0, Q_1, Q_2 の状態のタイムチャート

・各 T-FF はクロック C への立ち下がり入力で動作する 2 進カウンタである．
・段数 n が大きいとき，伝搬時間がかかる．

図 4.47 には入力 I に対する Q_0, Q_1, Q_2 の状態のタイムチャート（横軸は時間，おのおのの縦軸は論理値 0 と 1）を示す．

問 4.47 Reset 付きの同期式 D-FF を用いて，Reset 付きの 6 進リングカウンタを以下の手順で構成しなさい．ただし D-FF は，クロック入力 C が 0 から 1 に変化するときの D 入力の値によって出力 Q を決定するものとする．また，I はクロックに同期して入力されるものとする．

(1) カウンタへの入力を I とし，$2^0, 2^1, 2^2$ の桁の D-FF 入力をおのおの D_0, D_1, D_2，出力を Q_0, Q_1, Q_2 とするとき，$(Q_2Q_1Q_0I)$ を入力変数，$(D_2D_1D_0)$ を出力変数とする真理値表を作成しなさい．

(2) D_i を I, Q_0, Q_1, Q_2 の論理式で表しなさい．
　　（注意）don't care 入力に対して，関数形が簡単になるように考えなさい．

(3) 以上の結果より，カウンタ回路を示しなさい．

5 外部記憶装置と入出力機器

 計算機は外部記憶装置(磁気ディスク,磁気テープなど)と入出力装置(キーボード,CRT,プリンタなど)を組み込んでいる.これらの装置は周辺装置と呼ばれることもある.外部記憶装置は,大量のデータを長期に保存したり,データを計算機へ高速に読み込んだり書き込んだりする装置である.また,入出力機器は,人間が計算機とコミュニケーションをする大切な手段である.本章では,外部記憶装置と入出力装置について具体的に解説したあと,これらが計算機とどのように接続されてデータがやりとりなされるかについて説明する.

5.1 外部記憶装置

 この節では,最初に記憶装置を分類し,その概要を眺める.そのあとで個々の外部記憶装置について具体的に説明する.

5.1.1 外部記憶装置の分類

 記憶装置や**記憶素子**には各種のものがあるが,主なものを分類すると表5.1に示すようになる.表に示すように,記憶装置は**半導体メモリ**または**外部(補助)記憶装置**からなると考えてよい.表では,**磁気コア**も入れてあるが,過去に主記憶装置として用いられた.1980年代以降は使用されていない.半導体メモリについては4.4.1項で述べた.

 外部記憶装置は一般に大量のデータの記憶として用いられる.表5.1に示すように,各種のものがあるが,これらは一般に長期に渡って保存可能なものである.

 記憶の持続性という観点から整理すると,表5.2に示すように**揮発性**と**不揮発**

5. 外部記憶装置と入出力機器

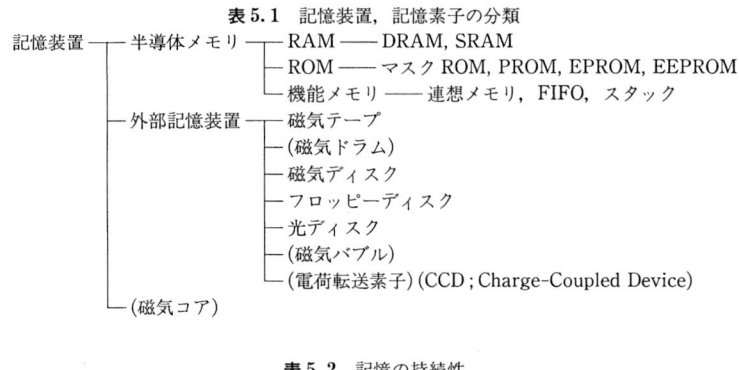

表5.1 記憶装置，記憶素子の分類

```
記憶装置 ─┬─ 半導体メモリ ─┬─ RAM ──── DRAM, SRAM
          │                ├─ ROM ──── マスクROM, PROM, EPROM, EEPROM
          │                └─ 機能メモリ ── 連想メモリ, FIFO, スタック
          ├─ 外部記憶装置 ─┬─ 磁気テープ
          │                ├─ (磁気ドラム)
          │                ├─ 磁気ディスク
          │                ├─ フロッピーディスク
          │                ├─ 光ディスク
          │                ├─ (磁気バブル)
          │                └─ (電荷転送素子) (CCD ; Charge-Coupled Device)
          └─ (磁気コア)
```

表5.2 記憶の持続性

```
記憶の持続性 ─┬─ 揮発性 (電源を切ると情報の消えてしまうもの)
              │    RAM, CCD
              └─ 不揮発性 (電源を切っても情報が消えないもの)
                   ROM, CCD 以外の補助記憶装置, 磁気コア
```

表5.3 記憶のアクセス形態

```
アクセス形態 ─┬─ ランダムアクセス
              │    (読み書きデータの場所を直接に任意にアクセスできるもの)
              │    半導体メモリ, 磁気コア
              └─ シーケンシャルアクセス
                   (読み書きデータの場所を直列順にしかアクセスできないもの)
                   補助記憶装置類
```

性とに分けられる．また，記憶へのアクセス形態から分類すると表5.3に示すようにランダムアクセスとシーケンシャルアクセスとに分けられる．

　記憶装置や記憶素子の動作速度の一面を表す尺度として，**アクセス時間**と**サイクルタイム**がよく用いられる．アクセス時間は，メモリへ読み出し(書き込み)要求信号を出してから読み出し(書き込み)が可能になるまでの時間である．サイクルタイムは，メモリへ読み出し(書き込み)要求信号を出してから，実際に読み出し(書き込み)動作を行い，次に読み出し(書き込み)要求信号を出せるまでの時間である．

　記憶装置の**記憶容量**とアクセス時間の概略的な範囲を図5.1に示す．また，**記憶装置の階層**を図5.2に示す．記憶装置の階層とは，単に記憶容量の順を示しているだけでなく，見かけ上(等価的に)高速かつ大容量な記憶装置を構成する場合に，階層的な構成によって廉価で大容量の記憶装置が構成できることを意味している．この中で，磁気ディスク(パソコンではハードディスク)と主記憶を合わせた仮想記憶方式，主記憶とキャッシュ記憶を合わせたキャッシュ記憶方式が

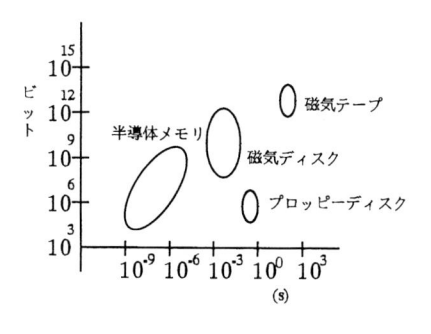

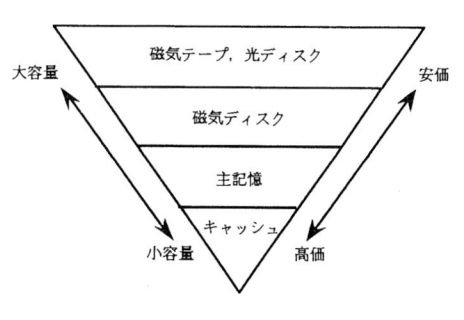

図 5.1 記憶装置の記憶容量とアクセス時間　　**図 5.2** 記憶装置の階層

プログラムの大容量化と CPU の高速化に適合した記憶方式である．詳しくは 6.2.3 項で述べる．

記憶装置の階層は，**情報の局所性**の性質に基づいている．すなわち，計算機 (CPU) の中で処理するうえで必要な情報のみが**主記憶装置**の中にロードされていれば，すべての情報をロードしておかなくても高速に処理できることになる．このような理由で，高速高価な記憶装置を大量に用いなくても，高速高価な記憶装置は小容量とし，以下順に廉価になるにしたがって大容量化したメモリを用いて階層的に構成すれば，等価的に高速大容量な記憶装置が比較的廉価に実現できることになる．このような記憶方式を**仮想記憶**という．

5.1.2 磁気記憶装置

a. 磁気記録の原理

ここでは磁気記録の原理について説明する．以下で述べる磁気ディスク装置，フロッピーディスク装置，磁気テープ装置，光磁気ディスク装置などの多くの外部記憶装置は磁気記録であり，その記憶原理は同様である．

図 5.3 に**磁気記録**の**記録**と**再生**の原理を示す．最初に記録の場合を示す．磁気ヘッドに磁化電流が流れると磁気コアに磁束が発生し，ヘッド部分にギャップがあることから，磁気回路 (磁化) が**磁性膜** (媒体の上に塗布された磁性膜) を通して形成される．この磁気回路によって磁性膜が磁化され，その磁化が記録される．逆に再生の場合は，磁気ヘッドが磁化された磁性膜の上へくると，磁気コアと磁性膜を通して磁気ループが形成される．この磁束によってコイルに微少電流が流れることから，磁化されていたことがわかり，情報の読み出しがなされる．

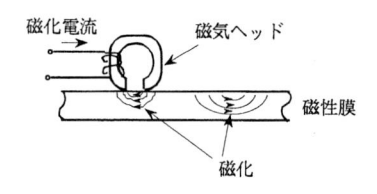

図 5.3 磁気記録の原理

もし、書き込みの際に論理値0と1によって電流の向きを逆に流して書き込めば、読み出しの際にも逆向きの電流となって読み出されることになる．最近は磁束の方向により電流の大きさが異なる磁気抵抗ヘッドが使われている．

磁気記録方法には，図5.3で説明したように，磁性膜の進行方向に磁化がなされる面内記録（または長手記録）（従来手法）と，磁化の方向が磁性膜の進行方向と直角になされる垂直記録がある（最近の研究）．

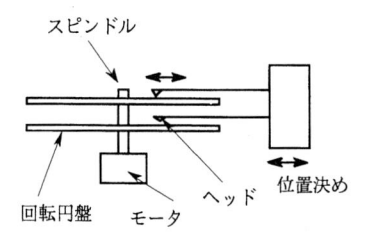

b. 磁気ディスク装置

磁気ディスク装置は，最近はパソコンでは**ハードディスク**として必須となっており，大容量のものが安価になった．しかし，もともとは汎用機の補助記憶装置として開発されたもので，かなり高価なものであった．図5.4に，磁気ディスク装置の概略図を，図5.5には磁気ディスクの一つの**回転円盤**面を示す．構造は磁性媒体を表面に付けた回転円盤があり，これを磁気ヘッドにより書き込みおよび読み出しをさせる記憶装置である．円盤の片面ばかりでなく，両面に記憶面があるものもある．複数枚の円盤があるものもある．一つの回転軸上にある（すべての）円盤の記憶容量を**スピンドル**(spindle)と呼んでいる（ディスクボリウム(disk volume)ともいう）．また円盤の片面を**シリンダー**(cylinder)と呼ぶ．cylinderとは円筒を意味し，この語源はかつて磁気ドラムが計算機の補助記憶装置の中心であったときの呼び名である．図5.5に示すように，円盤の面は同心円上に分割され，それぞれの同心円上は，回転とともに連続して，あたかも磁気テープと同じように，記録されるようになっている．これを**トラック**(track)という．トラックはさらに分割され，**セクタ**(sector)（または**レコード**(record)）と

図 5.4 磁気ディスク装置

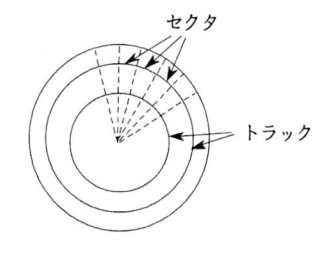

図 5.5 磁気ディスクの回転円盤面

呼ばれている．ディスクの回転速度は一定であり，各トラック当たりのセクタ数は同じであるから，ディスクの中心部分と周辺部では記録密度が異なり，記憶容量は中心部の記憶密度の許容値で決まる．

　主記憶装置は，バイトまたはワード(語)を単位として読み書き可能であるが，ディスクは読み書きの速度効率を上げるためセクタ単位(数百バイト～数十キロバイト)で読み書きするようになっている．

　低速のものでは記憶円盤1枚に対しヘッドは1個で，ヘッド位置をトラック上に水平に移動させる形であるが，高速なものではトラックごとにヘッドを用意した固定ヘッド形となる．

　アクセス時間は，トラックまでヘッドを移動させる**シーク時間**(seek time)と，アクセスするセクタがヘッドの位置までくる**サーチ時間**(search time)の2種類がある．

　汎用機などは入出力について各種の装置やソフトが用意されているので，ディスクの低速度を感じさせないが，パソコンやワークステーションではディスクの低速度に影響されやすいので，高速のディスクが望ましい．

　ヘッドが磁気記録面に触れていると記録面が摩耗するので，$0.3 \sim 0.4\ \mu m$ の間隔を空けるため，気流を利用した浮動ヘッドを採用している．

　磁気ディスク装置は，システムプログラムをはじめとして，仮想記憶，利用者のプログラムを格納するなどきわめて重要な役目をしている．

c.　フロッピーディスク装置

　フロッピーディスク装置は，**フレキシブルディスク**と呼ぶ方がよいかもしれないが，IBMではディスケットと呼んでいる．磁気ディスク装置とほぼ同じ機構であるが，回転速度は1/10以下と遅い．動作時にヘッドが記憶媒体面に接触していてそのために記憶密度は高いが，寿命が短い．そのため，大切なプログラムやデータはバックアップ(back up)用のコピーをとっておく必要がある．

d.　磁気テープ装置

　磁気テープ装置は古くから用いられてきた補助記憶装置の代表である．テープの進行方向に対して，データの記録されるトラック(9本や18本など)がある．セクタで記録単位長が決まっている磁気ディスクと異なり，一般に読み書きは**ブロック**単位で行われる．このブロック長はある程度任意に変えられる．図5.6に磁気テープのブロックとIBG(Inter Block Gap：ブロック間ギャップ)の様子を

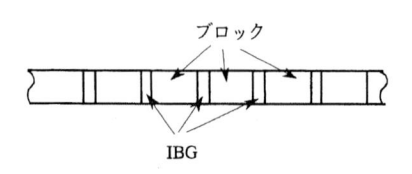

図 5.6 磁気テープのブロックと IBG の様子

示す．このように，データブロック間は IBG で区切られている．また，ブロックの中の記憶単位は記録 (record) と呼ばれる．ブロック内に一つの記録とするものや複数の記録とするもの，さらに一つの記録にも，固定記録長とするものや可変記録長とするものなど各種の種類がある．このように記録方式が種々あるので，使用に当たって注意しなければならない．従来はオープンリール形と呼ばれるかなり大きな装置であったが，カセット式の磁気テープが取り扱いが便利なため最近は多く使われるようになった．

磁気テープの用途は主に次のものである．
(1) 磁気ディスクのバックアップ
(2) テープ上のデータの直接処理 (汎用機などによる金融情報・公共団体の住民データなど)
(3) データの長期保存
(4) データ互換 (書式さえ合致していればプログラムを含めて互換できる)

5.1.3 光ディスク装置

光ディスク装置は，表 5.4 に示すように，**再生専用形**，**追記形**，**書換え形**の三つのタイプがある．以下では再生専用形の場合について原理を説明する．レコード円盤状の盤面に直径が約 1 μm の光スポットの列の穴を開けることによってデータを記録する．再生はレコード円盤状の列の穴へ光ビームを当て，スポットがあるかないかによって反射光が異なることによって行う．光ディスク装置が磁気ディスク装置などの回転円盤と異なる点は，磁気ディスクのトラックのように同心円ではなく，レコードの溝のように一つの溝がスパイラル状になってつながっていることである．このため，円周の外側と内側とで記録密度を同じくすることができる．

記録盤面上での溝と隣の溝までの間隔 (トラックピッチ) は，1.5 μm 程度であるが，回転とともにトラック (溝) は半径方向へ 100 μm くらいまで振れる．また，光スポットの焦点深度は ±1 μm 程度しかないが，円盤の記録面は，上下に ±200 μm 程度振れる．このため，トラッキング制御系と自動焦点制御系が用い

5.1 外部記憶装置

表5.4 光ディスク装置の分類

分類	記録形態	(用途)応用例
再生専用形	凹凸ピット	(ソフトウェアのソース) 光ビデオディスク CD(コンパクトディスク) CD-ROM CDビデオ
追記形	穴開け形 相変化形 合金形	(プログラムやデータのバックアップ,長期保存文書,画面の大量ファイル) CD-R
書き換え形	光磁気 相変化	(プログラムやデータのバックアップ,WSの外部記憶装置,文書ファイル) CD-RW, MO, DVD

```
0 1 0 0 1 0 0 1 1 0 0 0 1 0 1 0 0 0 1 1 1 1 0 1     記録データ

 ○  ○ ○   ○   ○   ○ ○ ○ ○  ○         (a)マークポジション方式

   ⬭    ⬭    ⬭   ⬭⬭   ⬭                (b)マークエッジ方式
```

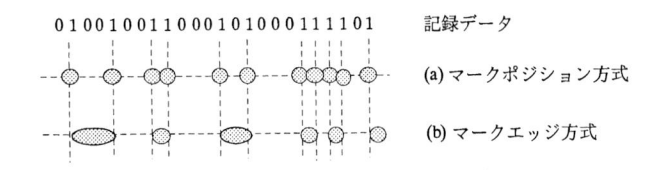

図5.7 再生専用形光ディスク装置の原理

られて,左右と上下の振れが制御されて,的確に追跡できるようになっている.

図5.7に再生専用形光ディスク装置の記録の原理を示す.記録方式には,図の(a),(b)に示すように,記録マークの中心位置に記録データの1を対応させる(a)マークポジション方式と,長円形の記録マークのエッジ位置に記録データの1を対応させる(b)マークエッジ方式との二つがある.この図からも推察できるように,マークエッジ方式はマークポジション方式の約2倍の記憶密度を得ることができる.

以下に,再生専用形,追記形,書き換え形の三つのタイプの概略を記す.

再生専用形:光ビデオディスクから始まって,音楽用のCD(コンパクトディスク)を経て,CD-ROM,CDビデオに至っている.計算機にはCD-ROMがソフトウェアのソースに使われている.これは安価に大量に複製できることから,ソフトウェアや大量のデータ(辞書など)の流通に利用されている.

追記形:書き込みはできるが,書き換えはできない方式である.記録形態として,穴開け形,相変化形,合金形など各種のものがあり,CD-Rはその主なものである.

書き換え形：記録形態として，光磁気と相変化の2種類があるが，光磁気が主流となっている．光磁気ディスク装置は，レーザ光により磁性膜の温度を上げ，磁性体のキュリー点を越えるまで温度を上げて磁化を消失させ，その後外部から磁化をかけてその磁化の方向で記録させる方式である．相変化形光ディスク装置は，記録膜にレーザビームで照射加熱し，溶解して急冷すると媒体が非結晶になり，溶解しないと結晶になるという特性を利用したものである．再生は，非結晶と結晶の反射率が異なることを利用する．MOはその典型である．

5.1.4　フラッシュメモリ

最近注目を集めているものに**フラッシュメモリ**がある．これは半導体メモリの一種であり，一括電気的消去可能なROMである．値段と寿命が磁気ディスクに近づいてきたので，いずれ磁気ディスクにとって替わるものと考えられる．磁気ディスクよりも高速で，かつ機械的要素がなく，振動や衝撃に対して安定であることが長所であり，将来が期待されている．

図5.8にフラッシュメモリの記憶素子を示す．図の**浮遊ゲート**に電荷を蓄えるか蓄えないかによって，情報の1と0を記憶する．**制御ゲート**(ワード線)によって記憶素子(セル)が選択されたとき，浮遊ゲートに電荷があれば，ドレインとソース間に電流が流れ，電荷がなければ，電流が流れない．

書き込みは，制御ゲートに電圧をかけて，ドレインから電荷を浮遊ゲートに注入する方法がとられる．消去は，ソースに電圧をかけて，浮遊ゲートから電荷を抜き取ることでなされる．

一つのビット線に複数個の記憶素子が並列に接続されるNOR形や，直列に接続されるNAND形などが開発されている．携帯電話の制御用プログラムメモリやディジタルカメラの写真記憶メモリなどではすでに利用されている．1と0の

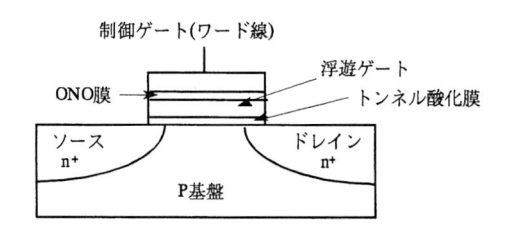

図5.8　フラッシュメモリの記憶素子

2値ではなく，4値などの多値で記憶する多値のフラッシュメモリは，さらに多くの情報を記憶することができることなどの理由で最近は盛んに研究されており，製品化も始まったようである．

問 5.1 光ディスク装置，磁気ディスク装置，磁気テープ装置などの外部記憶装置には誤り訂正符号が利用されている．誤り訂正符号は通信において発展したものであるが，最近では多くの情報機器にも用いられている．この誤り訂正符号とはどのようなものかについて概略(概念的なものでよい)を調べて述べなさい．

5.2 入出力機器

入出力機器は，人間が計算機とコミュニケーションをする大切な手段である．マルチメディア時代の到来により，各種の入出力機器が使用されている．この節では，最初に出力装置について説明し，そのあとで入力装置について簡単に説明する．

5.2.1 出力装置
a. CRTディスプレイ

CRT (Cathode Ray Tube) **ディスプレイ**は，テレビのブラウン管として知られているお馴染みのものである．図 5.9 (a) に横からみた概略図を，(b) に正面からみた面の様子を示す．以下では，モノクロ (カラーでない白黒のもの) CRT について説明する．カラーCRT についてはあとで簡単に触れる．

カソードから発せられた**電子** (電子ビーム) は**偏向コイル**などによって収束お

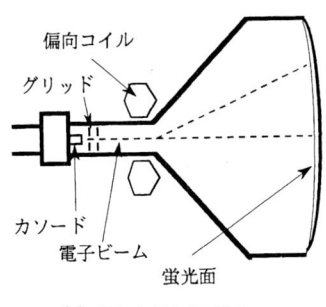

(a) 横から見た概略図　　(b) 正面から見た面

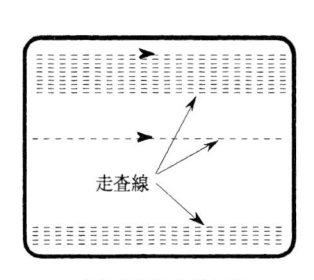

図 5.9　CRT ディスプレイ

よび曲げられ**蛍光面**に衝突する．蛍光面の明るさは蛍光面に衝突する電子の量(強度)によって変わる．その電子の量は**グリッド**に加えられる映像の信号によって変えられる．偏向コイルは，ディスプレイ面に衝突する電子の箇所をディスプレイ面の左端から右端に向けて走査(**水平走査**)する．これはディスプレイ面ではほぼ直線である．この走査線をディスプレイ面の上から下へ次々に走らせ(**垂直走査**)，ディスプレイ面全体を走査線が覆い，1枚の画面となる．

ところで，1本の走査線は，ある幅(縦方向)と長さ(横方向)の最小単位の大きさをもつブロックからなる．この最小単位を**画素**と呼ぶ．一般に画素の大きさが小さいほど細かな画像まで描写できることになり，この大きさを**解像度**などと呼ぶ．解像度 640×400 と記されることもあるが，これは1本の水平走査線が640個に分割されており，1画面の上から下は400個に分割されている(400本の水平走査線)ことを表している．すなわち，1枚の画面が 640×400 個の小単位からなっていることを示している．

動画は，少しずつ異なる画面を，たとえば1秒間に30枚描画することによって得られる．もちろん，1秒間に描く画面の数が多いほど，画面のちらつきは少ないことになる．

カラーCRTの場合は，蛍光面に3色(赤，青，黄)の蛍光体をセットにした画素が並べられている．また，電子ビームも3色用にそれぞれ用意してあり，おのおのの蛍光体を3色の映像信号によって励起する．3色のうちのどの色が強く励起されたかによってカラー色が表現されることになる．

b. 液晶ディスプレイ

液晶ディスプレイ(LCD：Liquid Crystal Display)は，図5.10に示すように画面上に多数並べられた小さな画素(**電極**)を次々に走査して画像を表示する．画素(電極)は，タイミング線とデータ線の交点として指定され，その間に信号電圧を加えることによって画素が制御される．

液晶とは，液体と結晶との両方の性質をもつ物質であり，上記の画素(電極)の中に含まれている．液晶は，電圧を加えると透過光の偏向角を変える性質がある．この性質を利用して，画素(電極)は電圧をかけたときだけ光を透過させる構造にすることができる．このことによって，タイミング線とデータ線に加えられた信号電圧に応じて，光が表される．図5.10に示すタイプは，**単純マトリクス形**と呼ばれる．このほかに，**アクティブマトリクス形**と呼ばれる構造のものも

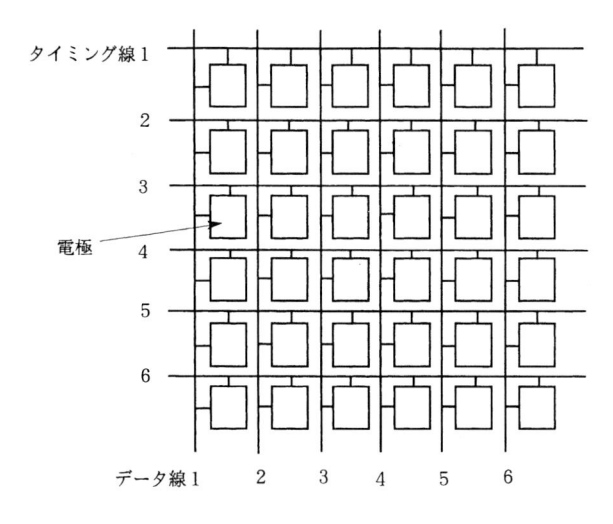

図 5.10　液晶ディスプレイ

ある．

c. プリンタ

プリンタは記録方式によって**インパクト方式**と**ノンインパクト方式**に大別される．インパクト方式は，インクリボンの上から，ドットや文字をたたいて印刷する．したがって，騒音が出ることや機械部分が多く速度が遅いことなどから，あまり使われなくなってきている．ノンインパクト方式には，電子写真方式，インクジェット方式，熱転写方式など各種のものが開発されてきている．以下では電子写真方式について説明する．

電子写真方式は図 5.11 に示すように，コロナ帯電 → 露光 → 現像 → 転写 → 定着によって印刷する．回転する感光体ドラムは，コロナ帯電器によって面全体がプラスイオンに帯電される．面が露光器の下を通過するときに画像信号により露光し，光の当たった部分の電荷を除去して (画像や字の黒で表現される箇所以外が除去．すなわち画像信号以外の箇所が除去) 潜像が形成される．次にその面が現像器の下を通過すると，マイナスに帯電したトナーが潜像に付着し，ドラムの回転速度と同じ速度で送られてくる記録紙の上へ，転写器部分でトナーが転写される．最後に定着器によってトナーが熱と圧力で紙へ定着させ，記録紙上の画像が完成する．露光器にレーザ光を用いるものは，**レーザビームプリンタ** (LBP) と呼ばれている．

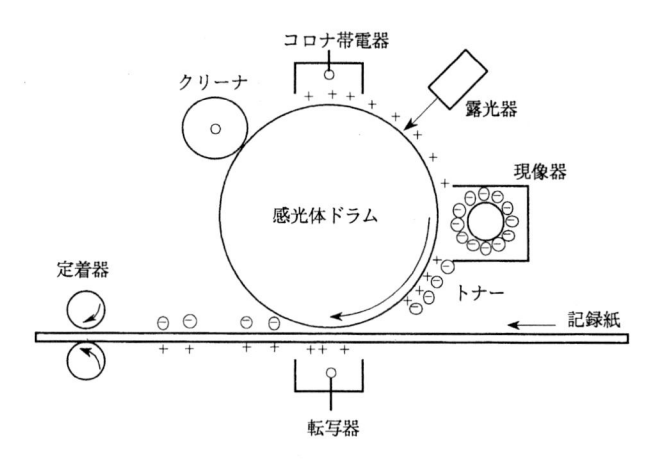

図 5.11 電子写真方式の概略図

インクジェット方式は，細いノズルを通してインクを直接に記録紙の上へ吹き付けて印刷する方式であり，解像度が高くカラーでも値段が安いことから，業務用ばかりでなく家庭用としても普及してきた．**熱転写方式**は，インクフィルムをヘッドの熱で溶かして紙に転写する．この場合は画像の信号を熱ヘッドで加えることになる．

5.2.2 入力装置

入力装置としては各種のものがある．5.1 節で取り上げた外部記憶装置も一種の入力装置であるが，ここではそれ以外のものについていくつかを簡単に述べることにする．

(1) **キーボード** (key board)

計算機への最も代表的な入力装置である．わが国のキーボードとしては，JIS および ASCII の両者などがある．文字や記号のコード表現は 2.6 節で学んだが，キーボード出力もそれらのコードによって，文字などを表現している．

(2) **マウス**

CRT や液晶ディスプレイを見ながら，ディスプレイ上に表示されているマウスポインタをみて，操作指示を与える簡便な装置である．マウスを動かせばマウスの下面のローラが回転し (LED とフォトセンサで等価な動作をするものもある)，ディスプレイ上のマウスポインタが動いて，適切な操作を選択したりする

ことができる．選択などはマウスの上に設けられている1～3個の押しボタンで与える．

(3) **ペン入力**

携帯端末や電子手帳などでよく使われる入力装置であり，文字や図面などを入力することができる．そのための文字認識用プログラムが組み込まれている．

(4) **スキャナー**

X,Y軸方向全面に光源を走査して，図や写真を入力する装置である．走査と対象原稿によって，ドラム型，フラットベッド型，ハンディ型，フィルム専用型などがある．

(5) **ディジタイザ**

ディジタイザはタブレットともいわれる．座標指示器で指示した入力盤上の位置の座標を検出して，図面の位置を入力する装置である．

(6) **OCR**

文字や記号などが記入された用紙に光を当てて，その反射光を検出して文字などを認識する装置である．光学文字読み取り装置，バーコード読み取り装置などがある．

(7) **音声**

比較的簡単，定型的なパターンの音声で入力を与え，それを認識する装置である．したがって，音声認識のソフトウェアが組み込まれている．

(8) **その他**

初期の頃の計算機への主な入力装置は，「光学紙テープ読み取り装置」，「カード読み取り装置」などと呼ばれる装置であった．しかし，現在はまったく使われない．

問 5.2 カラー用液晶ディスプレイは，どのようにしてカラーを表示させているか原理を調べて述べなさい．

5.3 入出力制御

本節では，外部記憶装置も入出力装置もすべて入出力機器と呼ぶ．この節では，最初に計算機と入出力機器の間の接続形態について解説する．そのあとで，入出力機器を通してデータがどのように制御されて入出力されるかを説明する．

5.3.1 接続方式

計算機と入出力装置との代表的な接続方式を示すと，図 5.12 に示すように，スター接続，入出力バス接続，共通バス接続などの各種の接続方法がある．

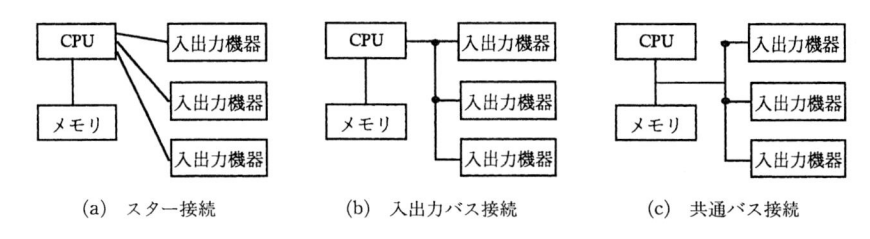

(a) スター接続　　　　(b) 入出力バス接続　　　　(c) 共通バス接続

図 5.12　計算機と入出力装置との代表的な接続方式

5.3.2 プログラム制御方式

プロセッサが入出力プログラムによって直接的に入出力機器を制御してデータを入出力する方式は**プログラム制御入出力方式**と呼ばれる．図 5.13 にその制御方式のブロック図を示す．入出力機器からデータを読み込む場合についてこの動作の概略を示そう．プロセッサがデータバッファレジスタにあるデータを読み込むべきデータであるかどうかの同期（判定）は，READY フラグを介して行う．すなわち，入出力機器は，データをデータバッファレジスタへ送ったならば READY フラグを 1 にセットする．一方，プロセッサは READY フラグをテスト（チェック）しており，1 が立ったならば，新データがデータバッファレジスタへ送られたことを知り，プロセッサ内のレジスタへデータを転送するとともに，READY フラグを 0 にリセットする．入出力機器は READY フラグが 0 に

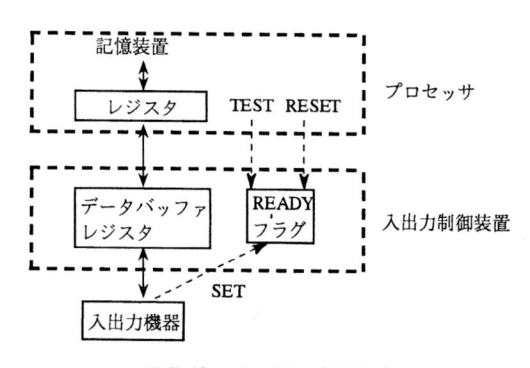

図 5.13　プログラム制御方式

リセットされていることから,次のデータを送る.以下,同様である.
　一般に,プログラム制御入出力方式では,入出力機器の動作が遅い場合にはプロセッサは入出力機器の動作を待つ時間が多くなる.また,装置の速度が速くても,転送すべきデータ量が多い場合には,TEST サイクルだけでも機械語で10語ほどかかり,プロセッサの負担も重く,効率も悪い(せいぜい 100 kHz 程度のサイクルで入出力できる).

5.3.3 DMA 転送方式

　高速な入出力機器には **DMA** (Direct Memory Access) **転送方式**が用いられる.図 5.14 にこの方式のブロック図を示す.この方式の基本的な考えは,プロセッサは **DMA 制御装置**へ入出力の動作指令だけを送り,その後は DMA 制御装置へ入出力の動作をまかせ,プロセッサは他の仕事を行うというものである.
　以下,この動作の概要を示そう.DMA 制御装置にはデータの転送を行う主記憶装置の

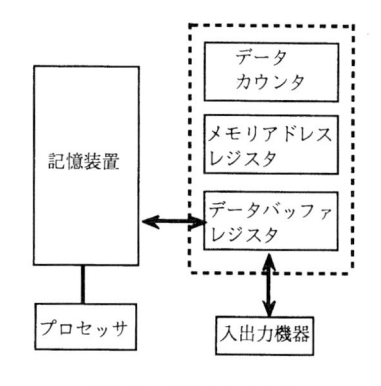

図 5.14 DMA 転送方式

先頭番地を示すメモリアドレスレジスタ,転送するデータの数を示すデータカウンタ,およびデータを格納するデータバッファレジスタがある.プロセッサがこの番地と数を DMA 制御装置に通知し,かつ転送方向(入出力機器 → 主記憶装置または逆)を指示すると,プロセッサには関係なく,主記憶装置の番地の計算とデータの転送,および終了の知らせを行ってくれる.したがって,主記憶装置のサイクル時間でデータの転送を行うばかりでなく,プロセッサの負担も少なくなる.したがって,数 MHz のサイクルの転送も可能である.

5.3.4 汎用計算機の入出力制御方式

　汎用計算機では特別に入出力制御装置 (IOC : Input Output Control unit) を設けて,入出力を専用にさせる場合が多い.この装置は図 5.15 に示すようなもので,高速な入出力機器を制御する**セレクタチャネル** (selecter channel) と低速な入出力機器を制御する**マルチプレクサチャネル** (multiplexer channel) とがある.

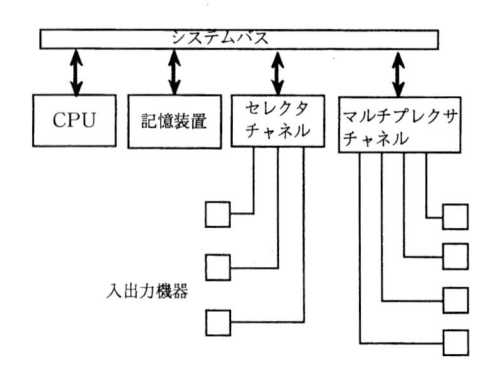

図 5.15 汎用計算機の入出力制御方式

　前者は DMA を使って多量のデータを転送するのに対し，後者は 1 バイトずつ低速で転送する．後者はそのかわり，沢山の入出力機器を同時に順番にさばくことができる．いずれの場合でも，入出力機器の制御はこの入出力制御装置が行うので CPU の負担が軽い．
　一般に，入出力命令は特別な命令で，OS (Operating System Program：管理プログラム) がすべてを扱い，利用者は　FORTRAN, COBOL などの言語の上で論理的な入出力命令を書くことができるだけであり，実際の入出力装置を直接制御できない．この OS の行う制御命令を**スーパーバイザコール** (superviser call) という．この命令は OS 以外では実行できないようになっていて，複雑な汎用機の入出力装置を管理している．
　問 5.3　DMA 転送方式では，5.3.3 項で説明した範囲の内容だけでは，主記憶のアクセスにおいて都合の悪い事態が発生する．それはどのような場合で，どのように対処すればよいかを述べなさい．

5.3.5　パソコン向きインタフェース

　ここでは，小規模なパソコンや周辺機器のための代表的なインタフェース規格について説明する．
　E-IDE は Enhanced Integrated Drive Electronics を略したもので，パソコン内蔵形のハードディスクや CD-ROM に使われている．この特徴は，IBM PC/AT 互換機 (いまあるパソコンの主流で，IBM が 1984 年に最初に発売した．PC/AT 互換機といわれる) の BIOS (Basic Input Output System, 基本入出力

システム)で直接制御できる点にある．IBM は BIOS のハードウエア設計仕様を公開し，多くの企業がこの BIOS にふさわしい IC チップを作り上げて現在に至っている．パソコンの CPU などを備え付けるプリント基板をマザーボードというが，この上に，BIOS チップが組み込まれ，ハードディスクや CD-ROM をケーブルでつなぐだけで動作する．しかしながら，BIOS のもともとの意味であった「基本的な入出力」の動作の意味は，Windows 95 がマルチタスク OS (複数のプロセスが同時進行の形で動作する)となって以来薄れてきて，もっぱらハードディスクの設定やそのほかの周辺機器の設定に使われるようになっている．E-IDE のおかげで，ハードディスク内蔵の制御装置は簡単になり，SCSI に比べて安価なものとなって，ほとんどの Windows 型のパソコンで使われている．接続できる台数は，IDE と名付けられた初期にはハードディスク 2 台のみであったが，拡張できるようになった E-IDE では，CD-ROM を含めて 4 台までとなった．また，最初はハードディスクの容量も小さいもの (500 MB) しか接続できなかったが，最近のハードディスクの大容量化に合わせて 10 GB 以上も可能となっている．ハードディスクとメモリの間は DMA モードの転送が使われ，転送クロック信号に合わせて数バイトのデータが送られている．転送速度も向上し，33.3 MB/s の高速なものも出てきた．

SCSI は，最初ワークステーションの磁気ディスク装置の入出力用に開発された．その名も，Small Computer System Interface で，汎用機ではない小型の計算機向けの装置であった．しかし，最近では，パソコンの付属装置として，ハードディスクはもとより，CD-R や CD-RW, MO やスキャナーなどの周辺装置の接続に使われている．パソコンの SCSI はチップセットがコントロールする PCI (Peripheral Component Interconnect の略で，ワークステーションと共通する周辺機器などを接続する業界標準のバス)または ISA (Industry Standard Architecture の略で，初期の PC/AT についていた周辺機器用のバス，PCI が 32 ビットであるのに対し，16 ビットであり，低速である)のどちらかのバスに接続する．E-IDE と比べると，7 台 (Wide SCSI などでは 15 台) までの周辺機器を接続することができるし，データ転送速度も 80 MB/s 以上の高速である．

USB は，マウス，キーボード，プリンタなどの標準の入出力機器以外に，音響機器，ハードディスクなどの記憶装置，ディジタルカメラやインターネットのターミナルに至るまで，最大 127 台までの接続が可能である．従来の直列入出力

(RS232C 通信回線，モデムなど)，並列入出力 (プリンタなど) を置き換えるものである．しかも，パソコンの電源を停止させることなく接続することができる．また，アップル社のパソコンと共通である点も優れている．データ転送速度は 12 MB/s と従来のものより比較的速い．

6 計算機ソフトウェアとオペレーティングシステム

　本章では，計算機ソフトウェアの概要とオペレーティングシステムについて述べる．計算機のソフトウェアはシステムプログラムと応用プログラムからなる．さらにそれらの中のオペレーティングシステムは，計算機をどのように管理，運用するかを定めている基本的なプログラムである．最初に計算機システムのソフトウェアを分類し，おのおのの分類ソフトウェアについて概要を述べる．そのあとで，オペレーティングシステムの一般論について述べ，さらに代表的なオペレーティングシステムである UNIX と Windows について具体的に述べる．

6.1　計算機ソフトウェアの分類

　ここでは，計算機システムのソフトウェアを分類し，おのおのの分類ソフトウェアについて概要を述べる．

　図 6.1 に計算機ソフトウェアの分類を示す．計算機のソフトウェアは**システムプログラム**と**応用プログラム**からなる．さらに，システムプログラムはオペレーティングシステムと処理プログラムに分類でき，処理プログラムはさらに図のように言語処理プログラムとサービスプログラムからなる．細部についての分類方法は著者によって異なることもある．以下では，おのおののソフトウェアについて概要を述べる．

a. オペレーティングシステム

　オペレーティングシステムは OS (Operating System) と略記されることが多い．ユーザにとって計算機を使いやすい機能を提供し，**処理プログラム**や**応用プログラム**を効率的に実行するように管理する．図 6.1 に示すように，OS は**プロセス管理**，**記憶管理**，**ファイル管理**，**入出力管理**のプログラムなどからなる．汎

```
ソフトウェア
├─ システムプログラム
│   ├─ オペレーティング ─┬─ プロセス管理
│   │   システム（OS）   ├─ 記憶管理
│   │                    ├─ ファイル管理
│   │                    └─ 入出力管理
│   │
│   └─ 処理プログラム ─┬─ 言語処理 ─┬─ コンパイラ
│                      │            └─ インタプリタ
│                      │
│                      └─ サービスプログラム
│                          ├─ ユーティリティ ─┬─ ローダ
│                          │                  ├─ エディタ
│                          │                  ├─ デバッガ
│                          │                  └─ テスト・診断
│                          ├─ リンケージエディタ
│                          └─ システムジェネレータ
│
└─ 応用プログラム ─┬─ ライブラリプログラム ─┬─ 事務処理用
                   │                         ├─ 数値計算用
                   │                         ├─ シミュレーション用
                   │                         └─ データベース用
                   └─ ユーザプログラム
```

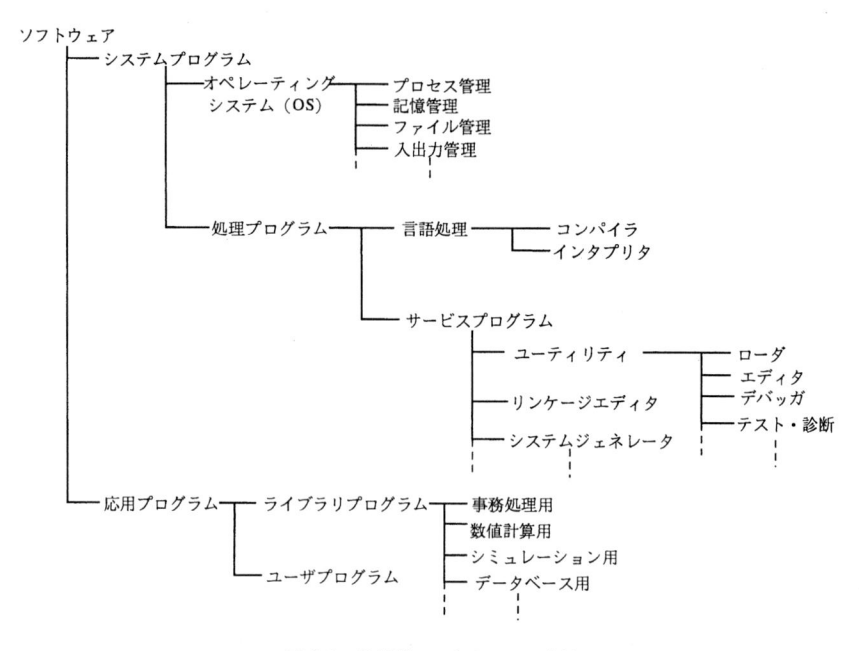

図 6.1　計算機ソフトウェアの分類

用機の OS, UNIX などが OS である．また，パソコンでは利用者が使いやすいように，グラフィカルユーザインタフェース (Graphical User Interface, 略して GUI) を用いた OS が主で，Windows 95/98/NT や Mac-OS などがある．OS はハードウェアと応用プログラムとのインタフェースの役割をするものであるので，その構造や処理内容などは，当然のことながらハードウェアとシステムの利用方法に大きく依存する．このことから，OS といわれながらも，各種のタイプがあり，汎用型の OS のほかに，ネットワーク処理に向いた**ネットワーク OS** や **分散 OS** ともいわれるものもある．科学技術計算を高速に処理するために 100 個以上の CPU をそろえた並列計算機や，2～8 個位の CPU を用いた LAN のサーバ用などを並列処理する**並列処理 OS** がある．また，各種マルチメディア処理に向いた**マルチメディア OS** などもある．

b.　サービスプログラム

図 6.1 に示すように，**サービスプログラム**は，ユーティリティプログラム，リンケージエディタ，システムジェネレータなどからなる．これらは，ユーザのプログラムが実行できるように準備するために役立つプログラムやシステムの運用

などに役立つものである．計算機の計算や制御には直接的には関係はない．

ユーティリティプログラムは，ローダ，エディタ，デバッガ，テスト診断プログラムなどからなる．

ローダは，磁気ディスクなどの中にあるオブジェクトプログラム（それだけでも実行ができるプログラム）を主記憶に読み込んで実行の準備をするプログラムである．ローダとは総称名であり，具体的には，ブートストラップ，初期プログラムローダ (IPL)，バイナリローダ，リロケータブルローダなどのものがある．

エディタは，入力されたコマンド（命令）を解釈して，プログラムや文章を作成したり，変更したりするためのプログラムであり，ユーザが直接的に世話になるものである．ワープロのような文書エディタと，行エディタ，スクリーンエディタなどがある．

デバッガは，プログラムの中の誤りをみつけて訂正したり，教えてくれたりする．また，この作業を支援するためのプログラムとして，オンラインデバッガ（実行させながら行う）やダンプルーチン（記憶装置の内容を表示したりする）などがある．

テスト診断プログラムは，異常が発生したときにどこに異常があるかをみつけたりする．また，保守時などに，異常がないことを証明するためのプログラムとしても役立つ．

リンケージエディタは，離ればなれになっている個々のオブジェクトプログラムを編集し，つなげて目的の処理ができる一連の実行可能なプログラムにする．なお，最近のプログラムは，ダイナミックリンクという方法を多く採用し，実行する過程で必要とする個々のオブジェクトに処理を移す方法がとられて，プログラム寸法を小さくするようにしている．

システムジェネレータは，計算機システムを設置したとき，実際に接続される端末などの機器と使用するソフトウェア（処理内容）に適合するように OS を設定するプログラムである．一般に，もとの OS は，各種の端末や処理内容に対して適合可能なように作成されていることから，個々の特定なシステムに用いられる場合には，それに合うように設定する必要がある．

パソコンにプリンタやディスプレイ，SCSI, LAN などを接続したときには，これを駆動するためのドライバといわれるソフトウエアが必要である．これらもサービスプログラムの一種である．

c. ライブラリプログラム

ライブラリプログラムは，ユーザが一般によく使うプログラムとしてシステムに備えておくもので，図6.1に示すように各種のものがある．必要に応じて引用することになる．

d. プログラミング言語

図6.2に示すように，**プログラミング言語**は，手続き向き言語とオブジェクト指向型言語，特殊問題向き言語がある．**手続き向き言語**は一般に汎用型の言語であり，データとその処理手続きを処理手順にしたがって並べていくものである．このプログラム言語では，機械語，アセンブリ言語(アセンブラ)，高級言語(FORTRAN, COBOL, BASIC, Cなど)がある．Visual Basic, C++, Javaは**オブジェクト指向形言語**といわれ，データとそれを処理する手続きの数々を一緒にしたオブジェクトを複数配置するようにプログラムするものである．**特殊問題向き言語**は特定の問題を記述するのに適した言語であり，人工知能用言語(Prolog, Lisp)，数式処理言語，システム記述言語(C言語もこの一つである)，シミュレーション言語(Stellaなど)，論理設計言語(VHDL, Verilog HDL)，図形処理言語などがある．

上記言語のうち，特に手続き形言語とオブジェクト指向形言語には，プログラミング言語で記述されたプログラム(ソースプログラム)を実行可能なプログラ

```
プログラミング言語 ─┬─ 手続き向き言語 ─┬─ 機械語
                   │                  ├─ アセンブリ言語
                   │                  └─ 高級言語
                   │                     (FORTRAN, COBOL, C,
                   │                      BASIC, Pascal, Ada)
                   ├─ オブジェクト指向言語 ─┬─ Visual Basic
                   │                       ├─ C++
                   │                       └─ Java
                   └─ 特殊問題向き言語 ─┬─ 人工知能用言語
                                        │  (Prolog, Lisp)
                                        ├─ 数式処理言語
                                        ├─ システム記述言語
                                        ├─ シミュレーション言語
                                        ├─ 論理設計言語
                                        │  (VHDL, Verilog HDL)
                                        └─ 図形処理言語
```

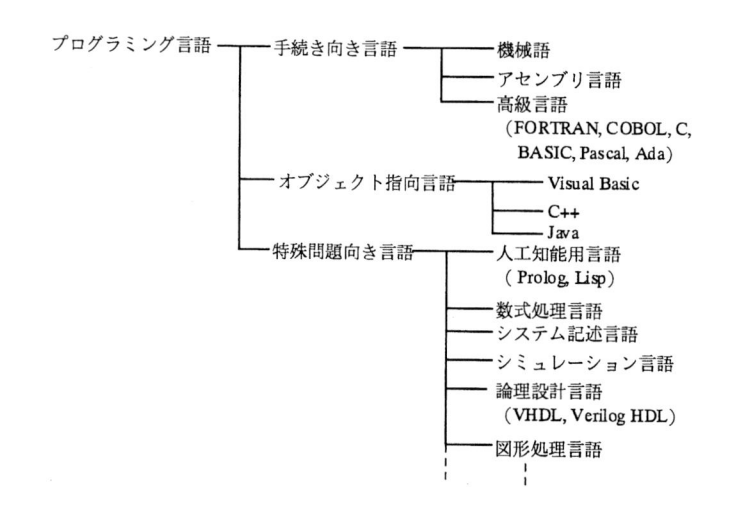

図6.2　プログラミング言語の種類

ム(オブジェクトコード)に変換する**言語処理プログラム**が必要である(図6.1参照).しかし,パソコンなどでは,プログラムの作成編集から実行までを一つのまとまりとして使用できるようになっているので,利用者は特にこの言語処理プログラムを意識しなくてもよい.言語処理プログラムの処理には直接変換形,中間コード生成形,インタプリタ形の三つのタイプがある.

直接変換形は,ソースプログラムをオブジェクトコードへ直接に変換するもので,アセンブリ言語を処理するアセンブラ,およびFORTRAN, COBOL, C, C++, Pascalなどの高級言語を処理するコンパイラはこれに属する.アセンブリ言語はマシン特有の機械語に近い言語であり,その変換は比較的容易である.しかし,高級言語は個々のマシンから独立した汎用言語であることから,その変換過程は比較的複雑になり,ソースプログラムの字句解析,構文解析,意味解釈と中間コード生成,最適化などの過程を経てオブジェクトコードが生成される.

中間コード生成形は,いったんコンパイラによって中間コードを生成し,その中間コードをさらにコンパイラによって変換してオブジェクトコードを生成したり,インタプリタによって解釈,実行される.既存の言語処理プログラムを利用する場合や移植を行う場合などに用いられることもある.Javaは典型的なこの言語である.いったんバイトコードに直したあと,次に説明するインタプリタを用いて実行させる.つまり,同一処理をするインタプリタさえ完備させておけば,別のOSで作ったプログラムや応用プログラムも実行することができる.インターネットのWeb画面のブラウザソフトウエアにはこのインタプリタが用意されている.中間コードをインターネット経由で送るとWeb画面でプログラムが実行できる.

インタプリタ形は,ソースプログラムで書かれた命令の順に,おのおのの命令を解釈して機械語に変換して実行する.一つの命令が終了したら次の命令の解釈,実行に移るという具合に処理が進行していく.このことから,処理の進行状況および実行時の誤り(エラー)の検出がユーザにわかりやすいという特徴がある.このタイプの言語としてはBASIC, Visual Basic, Java, ホームページ作成用のHTML言語もこれに属する.なお,Java, Visual Basicでも,直接変換形のコンパイラももっている.

また,GUIのプログラムが作りやすいものとして,上記プログラムの中で,Visual Basic, C++, Javaがあげられる.つまり,Windows形式のプログラム

を容易に作ることができる特徴がある．

6.2 オペレーティングシステム

オペレーティングシステム(**OS**(Operating System)，**制御プログラム**，**モニタ**，**スーパーバイザ**ともいわれる)の計算機システムにおける位置付けについては第1章で学んだ．それは，計算機の管理プログラムであり，計算機を効率的に運用するとともに，人が使いやすいようなヒューマンインタフェースを工夫した計算機を運転するプログラムのことである．初期のOSの目的は計算機を効率よく運用するためのものであったが，それは次第に人間にとって使いやすい計算機であるためのインタフェースへと移っていった．これは，集積回路(IC→VLSI)が比較的安価に容易に製造できるようになって計算機が安価となり普及するとともに，計算機はもっと使いやすくなければ需要が拡大できないという要求に基づいている．前節で学んだように，OSはプロセス管理，記憶管理，ファイル管理，入出力管理のプログラムなどからなっていた．ここでは，OSの目的と歴史などについてOSの概要を述べたあと，おのおのの管理プログラムについて述べ，最後に最近最も使用されているOSの一つであるUNIX，およびパソコンのOSについて眺めてみる．なお，ここで述べる汎用形のOSのほかに，ネットワークOS(分散OS)，並列処理OS，マルチメディアOSなどがある．ネットワークOSについては7.5節で説明する．

6.2.1 オペレーティングシステム概要
a. OS以前
初期の計算機は高価で形も大きいものであった．特に記憶装置が高価であるため容量はきわめて小さく1～3kBくらいで，この中に利用者のプログラム以外のものを記憶させて使う余裕もなかった．
b. 初期のOS(モニタ)
計算機を効率よく使うために，あるコマンドをプログラムの最初に付けるなどして，コンパイラを使ってプログラム言語で書かれたプログラムをオブジェクトプログラムに自動的に変換して実行させるとか，プログラムが動作中の異常を検出した際にメッセージを自動出力するとか，人手を省くためのプログラムを記憶

装置上に常駐させることが行われるようになった．このプログラムをモニタといった．

c. OSの発展

コンピュータの運転管理は手間がかかり，初期には常時オペレータといわれる専門家によっていた．しかしながら，人間が運転することは，人件費もさることながら，作業の遅れや，間違いなどが発生して，高価な計算機を遊ばせてしまうことが多かった．このために，人手によらずに，計算機自身のプログラムで計算機を管理運転させるという思想が生まれ，「管理プログラム」あるいは「オペレーティングシステム(Operating System) 略してOS」が発達してきた．以下，このOSに採用されていまでも生きている技術を述べる．

1) バッチ処理　計算機にプログラム＋データを入力(当時はプログラムもデータも80欄ある紙カードにパンチしたパンチカードを利用していた)すると，計算機は読み込んで，最後の結果まで出力してくれる．これを**バッチ処理**(一括処理)という．なお，一括処理をさせる目的で，プログラムのコンパイル＋実行などの一連の操作を自動的に行うために，ジョブ制御言語(Job Control Language)で書かれたパンチカードを添付した．利用者は計算機が稼働中ならいつでも，これらのカードを入力し，処理を任せることができた．

大型汎用機では，利用者からの複数のプログラム(これを**ジョブ**(JOB)といった)をいくつも引き受けて，連続してバッチ処理を行うようにOSを改良した．このために必要な処理方法が図6.3に示す**マルチプログラミング**である．CPUは原則的に一つのJOBのみしか実行できない．もしJOBが低速の装置(プリンタなど)を使う場合には，CPUが低速の装置の速度に合わせて動作することになり，CPU効率が悪い．このようなときには，現在実行中のJOBを待避させ，他のJOBを処理するようにして，CPUを有効に使用する．

なお，一つのジョブがいつまでも低速の装置を使わない場合にはCPUが独占

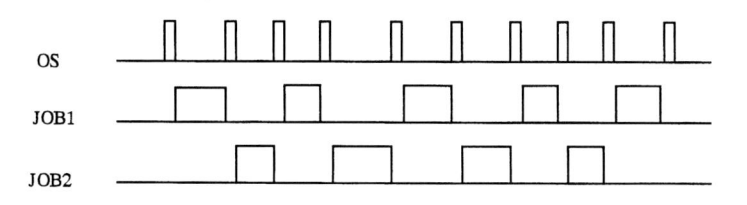

図6.3　マルチプログラミング

されて，他のジョブがいつまでも処理されない恐れがある．このことを防ぐために，一定時間(**タイムスライス**という)ごとにジョブを替えることが行われている．

パソコンとは異なって，複数の利用者が一つの計算機を共用して使うのが前提であるから，このための考慮がなされていた．一つは，利用する需要に合わせてクラス分けを行うことであった．たとえば

　　Aクラス：デバッグ用で短時間(CPU時間で10秒くらい)使える
　　Bクラス：CPU時間で5分くらい使える
　　Cクラス：それ以上の時間使える

これを**ジョブクラス**という．ジョブクラスはまた使用できる主記憶装置の容量にもよっていた．ジョブクラスごとに，計算機を使用するための待ち行列が作られて処理される．

このような工夫により，高速で高価な計算機のスループット(through put)(単位時間当たりの処理量)を高くし，利用者のJOBのターンアラウンドタイム(turn around time)(計算機に仕事を依頼してから受け取るまでの時間)を短くすることができた．

このバッチ処理では，複数の**プロセス**(ジョブをさらに分割したもの)を常時処理していることになる．効率よく計算機を動かすためには，複数のプロセスを上手にさばく必要がある(プロセスについてはあとで述べる)．現在のパソコンでも，計算処理をしながら，ワープロを使い，同時に印刷もするなどができるマルチプログラミングの技術が使われている．

　2) **TSS処理**　　TSS (Time Sharing System)処理は，計算機を効率よく使用するために考えられた方式である．この方式はマルチプログラミングと似ている点もある．沢山の端末機と計算機を通信線で結んで，各端末機を使う人はあたかも大型計算機をいまのパソコンのように独占して使っているように思えるものであった．バッチ処理と異なってよい点は次のようなものであった．

　(1) 速度は低下するが，実行をただちにできて，結果をみることができる．
　(2) プログラムのデバッグが容易である．
　(3) デバッグ後大きなプログラムをバッチ処理で実行する手順にすると具合がよい．

この方式で，200端末機以上を同時に処理することも可能であった．現在では

あまり使われていない．

3) オンライン処理　端末から入力されたデータやプログラムが通信回線を介して計算機システムへ送られ，処理されてその結果が端末へ送り返されてくる処理形態をオンライン処理という．TSSより前から，銀行のデータの受け渡しなどに広く使われていた．今日のコンピュータネットワークの基礎でもある．

なお，遠隔地からバッチ処理を入力し，その処理結果を受け取るリモートバッチ処理という方式があったが，パソコンとインターネットの普及により，いまではほとんどない．

4) 通信を行う計算機のOSについて　TSS，オンライン，リモートバッチ処理に共通するものは，通信回線から送られてくるデータを処理する必要があるということである．このために，OSには通信処理のためのプログラムを必要とする．通信は相手があってのことであるから，即座に応答しなければならない．これらの処理は，バッチ処理のように計算機の都合に合わせて処理するのとは大違いであり，以下に述べる**割り込み処理**と**リアルタイム** (real time) **処理**とを必要とする．

(1) 割り込み処理

以前から用いられていた方法ではあるが，割り込みが重要な役割を果たす．この割り込みは図6.4に示すように，あるプロセスを実行しているとき，他に必要な処理が発生すると，計算機へ割り込み信号を発生して，いままで行っていた処理をいったん中断して現在実行しているプログラムの必要なデータなどを待避させ，発生した処理を一時的に行う方法である．割り込み信号は，一定な時間が経過した場合，オーバーフロー，異常の発生，外部装置からの割り込み要求などによっても発生し，おのおのに必要な割り込み処理プログラムが起動される．

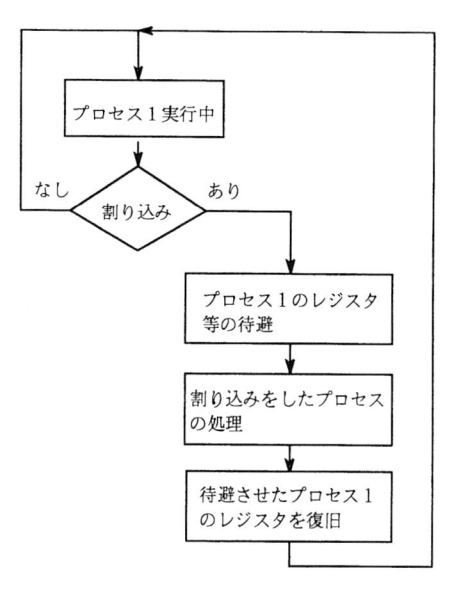

図6.4　割り込み処理

(2) リアルタイム (real time) 処理

実時間処理ともいう．銀行などのお金の入金や取り出しのデータはただちに処理されなければならない．また，工場の制御などに用いられる制御用計算機も，入力に対してただちにデータを処理しなければならない．このため，これらの処理では計算機処理に即応能力 (リアルタイム (real time) 処理) が要求される．また，高い信頼度も要求されることが多い．

問 6.1 日常生活や一般社会などにおいて，計算機の割り込み処理に似た処理形態を行っていることを一つあげて，その理由を述べなさい．

6.2.2 プロセス管理
a. プロセス

プログラムを細かな動作単位 (独立したプログラム実行の制御の流れとして定義されている) で分けたものを**プロセス**という．計算機は OS を含めて複数のプログラムが同居しているから，多くのプロセスが記憶上に存在している．これらの管理を行って計算機を最適に働かせる仕事が，**プロセス管理**である．前述のマルチプログラミング，通信処理などの割り込みを含めて，計算機システムは**内部割り込み** (割り出しまたはトラップともいう) や**外部割り込み**の割り込みによって処理を柔軟に行っている．割り込みがかかるといままで行っていたプロセス P_i はいったん中断し，割り込みの要因を解析して次にプロセス P_j を実行する．この切り替えに際して次のようなことがなされなければならない．いままで処理していたプロセス P_i は中断し，P_j の終了後再び実行を続けられる．したがって，この場合に，スムーズに再開できるために，現在の実行番地を明示しているプログラムカウンタや使用していたレジスタ，仮想記憶の内容，I/O の使用状況などを保存しておかなければならない．

メモリがいっぱいで，新しいプロセスが入る余地がない場合などには，実行中のプロセスを追い出して，そのあとに新しいプロセスを入れるような処理も行わなければならない．これらの処理はオーバヘッド (本来の目的の処理以外に必要な処理) が大きくなる可能性もある．

プロセスよりも小さな処理単位として**スレッド**と呼ばれる単位を用いて切り換えが行われることが多くなってきた．あるプロセスは計算もすれば，I/O も使用する．計算する部分と，I/O を使用する部分をスレッドに分けて，計算スレッド

と I/O スレッドの相互間でデータを渡すようにすれば，お互いに資源を共用しないので，両スレッドをスイッチしながら効率よくプロセスを動かすことができる．プロセスを一つの単位として動作させるより効率的である．スレッドの切り替えは，プログラムカウンタやレジスタの保存だけであるから，オーバヘッドは少なくてすむ特徴がある．しかし，基本的な考えはプロセスと同じであるので，以下ではプロセスについて考える．

プロセスは，いったん生成されると，それは図 6.5 の状態遷移図に示すように，**実行状態，停止状態，実行待ち状態**のいずれかの状態にある．実行状態は，処理に必要な資源を使用して実際に処理が行われている状態である．停止状態は，変数やデータの値が読み込まれないと処理ができないなどの場合であり，処理の進行が不可能

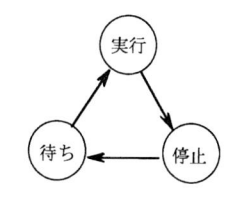

図 6.5 プロセスの状態遷移

で停止している場合である．実行待ち状態は，プログラム自体はすべてそろっていて実行可能な状態にあるが，他のプロセスによって資源が使われているなどによって，実行できないために待たされている状態である．プロセスは，処理が終了すると，消滅する．

一般に，計算機システム内部には，実行待ち状態にあるプロセスは複数個あり，その中からどのプロセスを次に実行するかを決めなければならない．また，実行状態になったプロセスにはどの程度の時間まで実行状態を許すのか（たとえば終了するまでか，一定の時間経過するまでか）の問題がある．計算機を効率よく実行するためには，これらの決め方が大切であり，その決め方は**プロセススケジューリング**といわれる．プロセススケジューリングは，そのシステムの利用方法に大きく左右されるが，先着順である FIFO (First In First Out) 方式，プロセスの処理内容によって優先度を定め，それに基づいて決定する優先度方式，これらの両者を混合した方式などの各種の方式がある．

問 6.2 内部割り込みと外部割り込みはどのように異なり，またおのおのの割り込みにはどのようなものがあるかを調べて述べなさい．

問 6.3 実行状態になったプロセスにはどの程度の時間まで実行状態を許すのか（たとえば終了するまでか，一定の時間経過するまでか）などのスケジューリングについてどのようなものが考えられるかを，処理内容などに応じて考えなさい．

b. プロセスの制御

計算機システム内には複数のプロセスがあり，プロセス間が独立である場合にはまったく問題がないが，同一資源を共用する（パソコンの場合，頻繁に使用するハードディスクなどがよい例であろう）など，お互いに影響を及ぼしあう場合が多い．ここでは，個々のプロセスを処理するうえで問題になる代表的な場合を示す．それらの問題を対処する方法を総称してプロセスの制御と呼ぶことにする．

(1) 相互排除問題

複数個のプロセスが同時に実行されている状況では，異なるプロセスから一つの資源を利用したい要求が発せられる場合がある．もちろん，一つの資源を利用できるのは一つのプロセスであるので，調停をしなければならない．このように，複数のプロセスからの要求に対して，一つのプロセスのみに資源のアクセスを許す制御問題を**相互排除問題**という．

(2) 同期制御

二つのプロセス P_i, P_j があり，P_i は次々にデータ D_k の生産（発生，読み込みなど）を行っており，P_j はそのデータ D_k を使って処理を行う場合を考えよう．この場合に，P_j は P_i にデータを生産してもらわなければ処理はまったく進まない．一方，P_i がデータを生産したら，P_j はそのデータをできるだけ早く使用して処理した方が効率はよくなる．このように，データの生産と使用可能のタイミングを取り合って処理を行う必要がある問題を**同期問題**といい，そのための制御を**同期制御**という．この問題は**生産者-消費者問題**といわれることもある．

(3) デッドロック

二つ以上のプロセスが，お互いに相手が使っている資源が空くのを待ち合う状態になり，実質的に処理が何も進行しない状態になってしまうことを**デッドロック**といい，その状態をデッドロック状態という．

プロセス P_i, P_j がおのおの資源 S_i, S_j を使用して処理しているが，プロセス P_i の処理の進行にはさらに資源 S_j が必要になって，P_j が終了するのを待っているとする．また，これとほぼ同時に，プロセス P_j は，自分の処理の進行のためには資源 S_i が必要になり，プロセス P_i が終了するのを待っているとする．この場合に，プロセス P_i, P_j はお互いに相手が終了するのを待ってしまい，お互いに待ち状態が継続して何も処理が進行しない状況になってしまう．デッドロック

は，計算機システムの浪費となるだけでなく，その処理自体も終了しないことになるので，避けなければならない問題である．

問 6.4 上の(2)同期制御で示した問題で，P_i が書き込むデータ D_k の領域(メモリバッファ)が三つの D_k を書き込むだけしかないとき，プロセス P_i と P_j にはおのおのどのような動作の制御が必要であるかを考え，それをわかりやすく説明しなさい．

問 6.5 日常生活の中で，プロセスのデッドロックに似た状況を多く経験していることと思う．それらの例を示しなさい．

6.2.3 記憶管理

記憶管理は**メモリ管理**ともいわれ，おのおののプロセスなどにメモリ領域をどのように使用させるか，また不要になったメモリ領域を新たにどのように使用するかなどの管理を行うプログラムである．

計算機の初期の頃には，高価な記憶装置を有効利用するために各種の工夫がなされた．また，前述のように同時に複数のプログラム(プロセス)を記憶装置に入れて走らせる必要があるために，次のような各種の記憶管理方式が開発された(現在でも高速な記憶装置は高価であり，このために各種の工夫がなされている)．

(a) 分割方式，(b) ページ方式，(c) 仮想記憶方式，(d) キャッシュ記憶装置

(a)と(b)は仮想記憶方式が確立するまでにとられた方式であるので説明は省略する．計算機は主記憶装置に入っている命令とデータのみで働く．したがって，小容量の主記憶装置では大きなプログラムは動作しない．初期の**仮想記憶方式**は小容量の主記憶で大きなプログラムを動作させる目的で工夫された．このおかげで，いまでは 100 MB を優に超える OS やシステムプログラム，応用プログラムが続々と開発されている．図6.6(a)に仮想記憶の概要を示す．一般にこの方式では，図6.6(b)に示すように補助記憶装置(磁気ディスク)にある大容量記憶(仮想空間)上にプログラムなどを格納し，あたかも主記憶(実空間)上にプログラムなどがあるかのようにみせかける．

仮想記憶方式には次のような方式がある．

ページング方式，セグメント方式，セグメントページング方式

複数のジョブを同時に実行させるために，当然のことながらマルチプログラミングが用いられている．

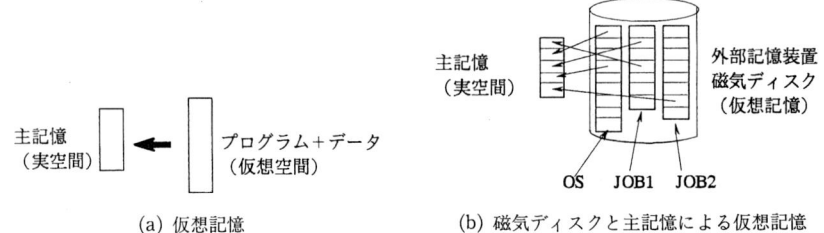

(a) 仮想記憶　　　　(b) 磁気ディスクと主記憶による仮想記憶

図 6.6 仮想記憶方式

　仮想記憶方式では，プログラム上でどのように番地指定が行われるかを，**ページング方式**でみてみよう．

　プログラムやデータをページに分ける．図 6.6(b) の補助記憶装置の中の OS, JOB1 (たとえばワープロ)，JOB2 (たとえば表計算) をさらに小さく区切ってあるが，この単位がページを示している．実空間 (主記憶) には，おのおののプログラムの実行に必要なプログラムやデータの一部がページ単位で格納されている．すなわち，おのおののプログラムの実行に必要なページを呼び出して格納 (**ロールイン**という) する．これをデマンド (要求) ページングという．このとき，空きのページがないときには，現在はあまり使われていそうもないページを追い出す (**ロールアウト**という) するか，そのページに上書き (オーバーレイという) する．このあまり使われていそうもないページを捜す方法には何通りかのアルゴリズムがある．

　ページング方式は，小容量の実空間で大きな寸法のプログラムを実行できるが，あまり大きな寸法のプログラムを実行すると，絶えず補助記憶装置との間でロールインとロールアウト (**スワッピング**という) を繰り返すことになるので，実行が遅くなることがある．ページング方式の主記憶のアドレスの発生方法を図 6.7 に示す．この場合に，主記憶装置のページ番号を示すためのページ表と呼ばれるテーブルを利用する．論理空間内番地のページ表先頭番地 (PTP) はユーザごとのページ表の先頭番地を，ページ番号 (p) はページ表内の番地，ページ内番地はページの中の番地を示す．

　キャッシュ記憶装置は高速に計算機を動作させるために工夫された記憶装置である．一般に CPU は高速である．これに対し DRAM を使った記憶装置は低速である．SRAM を使えば，高速にはなるが，価格が高価である．そこで，高速

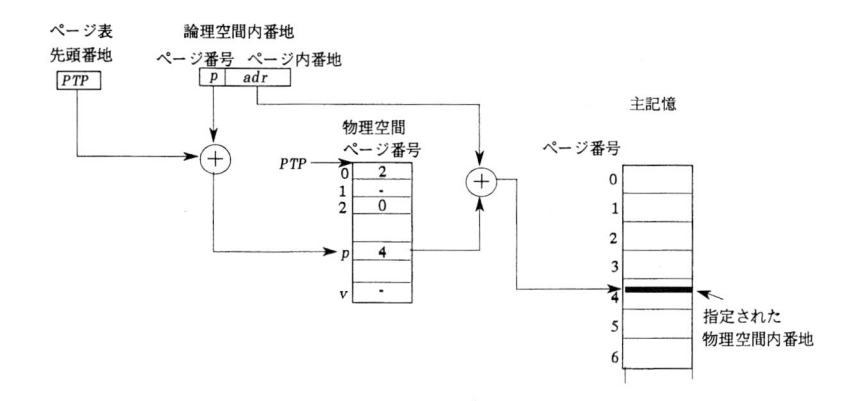

図6.7 ページング方式の主記憶内アドレスの発生方法

の記憶装置を一部利用する方法を考え出したものが，このキャッシュ記憶である．キャッシュ記憶には高速な SRAM が用いられる．DRAM を使った主記憶装置をページよりも小さいブロックに分け，処理に必要なブロックをキャッシュ記憶へロードして，CPU はキャッシュ記憶との間で処理を行う．

この方式を使うとどれだけ速くなるかを計算してみよう．主記憶装置のアクセス時間（読み込み・読み出し時間）を T_m，キャッシュ記憶のアクセス時間を T_c とする．また，CPU がメモリにアクセスしようとしたときに，キャッシュ記憶に存在する確率を P（**ヒット率**という）とする．すると実効的なアクセス時間 T_{eff} は次式となる．

$$T_{eff} = PT_c + (1-P)T_m$$

$T_c=2$ ns，$T_m=10$ ns とし，$P=0.9$ とすると $T_{eff}=1.8+1=2.8$ ns となるので，主記憶を使った場合の 10 ns よりも約 3 倍以上速いアクセス時間となる．$P=0.9$ は大きすぎると思われるかもしれないが，プログラムはある範囲の記憶空間を繰り返し使うことが多い**プログラムの局所性**といわれる性質があり，一般にこの程度の値となる．

問 6.6 仮想記憶において，セグメント方式，セグメントページング方式とはどのようなものかを調べて，その概略を述べなさい．

6.2.4 ファイル管理

データ，プログラム，そのほか各種のまとまった情報はファイルとして保存さ

れ，読み出され，また加工される．ファイルについてこれらの操作を統一的に管理するプログラムを**ファイル管理**または**ファイルシステム**という．一般にファイルシステムの役目は以下の(1)，(2)，(3)である．ここで(3)の**保護機能**とは，大切な情報が破壊されないように保護することであり，**回復機能**とは，万が一，障害が発生して一時的に内容が誤ってしまっても，何らかの手法によって正常な状態へ回復できることを意味する．

(1) システムにとっても，利用者にとってもわかりやすい．
(2) 保存(追加，修正)，読み出し，検索が高速である．
(3) 保護機能，回復機能．

ファイルシステムの構造には，いくつかの方式があるが**木構造**で表す方式がわかりやすく一般的になりつつある．たとえば，日本の地名を示す方法として，県，市(郡，町，村)，地名のように階層的に表すとわかりやすく検索なども容易であることが想像できる．この場合も木構造になる．6.3節で説明する**UNIX**の場合も木構造であり，以下でも木構造の場合を考えるものとする．

図6.8に示すように，**ディレクトリ**(Windowsのファイルではこれをフォルダという)をグラフの**ルート**(最上位のノード)と**中間ノード**(節点)とし，おのおののファイルはグラフの**葉**(leaf)として表現する．

ディレクトリは，自分の下位にあるファイルやディレクトリの所在などの目次に相当する役目を果たしており，厳密にいえばディレクトリ自身もそのような情報をもつファイルである．ディレクトリには，ファイル名，ファイルの所有者名，作成時刻，ファイルの格納アドレスなどが記入されている．ファイルの各種操作を容易にするためには，ディレクトリ自身の操作も容易に行えることである．それらの操作には，ディレクトリの作成，消去，内容変更，名称変更，内容表示などがある．

ファイルは，情報そのものの内容である．ルートからファイルに至る経路は**パス**と呼ばれ，ルートからファイルに至るまでのパス中のノードを連接して表記することによって，おのおののファイルの所在を示す．たとえば，chiba-ken/chiba-shi/inage-ku/yayoi によって，yayoi のファイルアドレスを表現する(なお，日本語のキーボードでは，記号/の代わりに，¥を使っている)，Windows

6.2 オペレーティングシステム

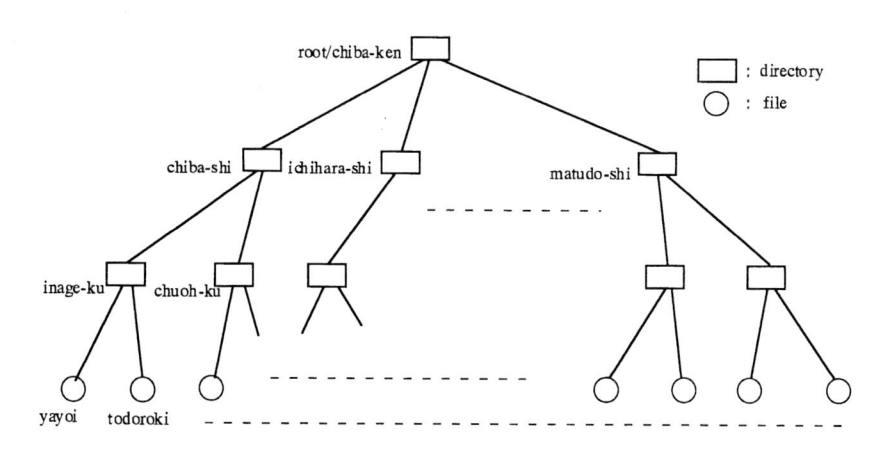

図 6.8 ファイルシステムの構造の例

95/98/NTでは，ハードディスクのドライブ名を最初に指定する．たとえば，フロッピーディスクはA：¥，ハードディスクはC：¥，D：¥…などである．なお，このドライブ名はOSが設定したドライブ名であり，ハードディスクを分割（パーティションという）してあれば，分割ごとのドライブ名である．個人の使用を前提にしているパソコンでは，Windows NTなどを除き，原則としてすべてのファイルの内容を読んだり書き換えたりできる．UNIXのファイルシステムは，システムの管理者と作成者以外にはファイルの読み書きができないようにもできる．一方異なるユーザなどによって共用されることによって便利になると同時に，大きいファイルの場合にはメモリの節約にも役立つようにもできる．この構造は，異なるディレクトリから同一のファイルを示して共有することである．これは，異なるディレクトリから**ポインタ**によって，ファイルのある同じアドレスを示すことによって達成される．

そのほか，ファイルシステムについては，6.3節のUNIXの例でさらに詳しく説明する．

問 6.7 ファイルに障害が発生して誤りを含んだ内容になってしまったとする．このような場合にも正常な状態（内容）へ回復できるためには，どのような対策など（システムの設計）を行っておけばよいかについて考え記しなさい．

6.2.5 入出力管理

　入出力装置の入出力を管理するプログラムを**入出力管理**という．入出力装置は，キーボード，CRT，マウスなどの端末装置；磁気ディスク，磁気テープ，光磁気ディスク，CD-ROM，RAMディスクなどのディスク装置；ネットワークの制御を行うネットワーク制御装置などがあり，それらの動作もだいぶ異なる．管理方法もそれらの動作に合わせてなされている．たとえば，キーボードの場合には，一字一字入力されることになるので，管理自体も一文字が対象の単位になる．ところが，磁気ディスク装置の場合には，ヘッドのトラック方向の移動（シーク時間）とヘッドが目的のデータが格納されているセクタ位置まで回転してくるまでには時間を要するが，いったんヘッドがセクタ位置までくると，連続してあるまとまった単位の大きさのデータを高速に書き込みまたは読み出しが可能になる．すなわち，入出力管理の目的の一つは，個々の装置を効率よく動作させることであるので，装置の特性に合わせて，入出力を行わせることが必要である．

　入出力のデータの大きさの単位としては，**バイト**を単位とするもの，複数個のバイトの固まり（系列）を**ブロック**として単位にするもの，**セクタ**や**レコード**と呼ばれる大きさを単位にするものなどがある．

　このように，入出力管理プログラムは，異なる装置をすべて扱うことができるプログラムからなっている．ファイルシステムは，磁気ディスク装置の上へ構成されるが，6.3節のUNIXの例の中で，磁気ディスク装置のブロックの管理方法などが説明される．

6.3　UNIXの例

　ここでは，パソコンに比べてやや使いやすさには欠けるが，オープン化の進んでいるUNIXについて眺め，最近のOSの概要を知ることを目的とする．UNIXであっても，まだまだ誰でも簡単に計算機が使えるまでには至っていないが，現在の各種の技術力の観点からは比較的よく整っている（汎用的な）OSといえよう．ここではUNIXの基本的な事項のみについて述べるが，詳しくはUNIXについての教科書などを参考にされたい．

6.3.1 UNIXの歴史

最初に，UNIXの歴史について眺めてみよう．UNIXの初版(1969年)はアメリカAT&T社のベル研究所のK. ThomsonとD. RitchieによりTSS用を目指して開発されたOSである．このOSの誕生は，それ以前に開発が進められていたMULTUICSというOSに大きく依存している．MULTUICSは，1965年からベル研究所，MIT(マサチューセッツ工科大学)，GE(ゼネラルエレクトリック社)の間で共同で，将来の使いやすい計算機のインタフェースを目指して開発されはじめた．ところがOS自体があまりにも巨大化しすぎたこと，およびこのOSを動かすために必要なハードウェア自体があまりにも巨大化しすぎたため，高価なものとなってしまい失敗に終わった．ベル研究所はこの反省から，柔軟性があり，安価で使いやすいOSの開発を目指した．その結果，UNIXが誕生した．UNIXは，あとで述べるように，ツリー状(木構造)のファイル構造，シェルの概念などを用いて構成されており，それらはMULTUICSの影響を大きく受けている．

当初，DEC社のPDP-7用にアセンブラで書かれたUNIXは，1971年にはミニコンPDP-11に移植され，1973年には，そのほとんどがC言語で書かれた．また，1975年にはUNIXソースプログラムが一般に公開されて，ほかの機種へも移植が容易になり，その使いやすさから各社の研究所，大学へと急速に普及していった．ソースプログラムが公開されて普及するとともに，多くの異なるUNIXを生み出すことにもなった．それらの中の有名なものとして，AT&T社で開発したSystemV，カリフォルニア州立大学バークレー校で開発されたバークレー版BSDがある．現在のUNIXのほとんどはこれらのいずれかをベースにして構成されている．現在はUNIXの標準化の作業が進められているが，各社の利益が絡む問題でもあることからなかなか統一化できない状況にある．

6.3.2 UNIXの特徴

UNIXのおのおののプログラムは，図6.9に示すように階層的に構成されている．この階層的な構成はほかのOSも同様である．階層的とは，上位の層(図の外側)のプログラムは下位の層(図の内側)のプログラム(資源)を利用して構成されているという意味である．

以下にUNIXの特徴を記す．

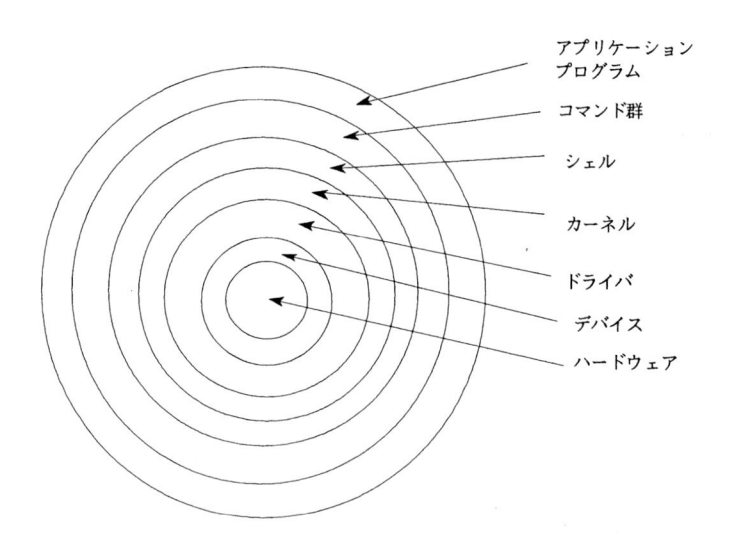

図6.9 UNIXの階層的構成

(アプリケーションプログラム / コマンド群 / シェル / カーネル / ドライバ / デバイス / ハードウェア)

(1) 優れた移植性：システムの大部分が移植性の高いC言語で書かれている．また契約によって容易に使用できる．これらのことから，機種の異なる計算機へも容易に移植できる．

(2) 強力なコマンドインタプリタ：コマンドを解釈して実行するものが**コマンドインタプリタ**（あとで述べるがUNIXではこれを**シェル**と呼んでいる）である．コマンドを組み合わせて使うことができるなど，豊富なコマンドの使用を可能にしている．ここで，**コマンド**（要求）とは，UNIX側からユーザ側をみて，ユーザが何の動作を要求しているかの用語である．逆にユーザ側からUNIXをみるならば，UNIXへ働きかける命令と考えてもよい．

(3) 統一されたファイルの概念：本来のファイルはもちろんのこと，キーボード，画面，通信ポートなどの入出力装置もすべてファイルとして扱われる．

(4) 単純なファイル構造：すべてのファイルはディレクトリとともにツリー構造のノードとして階層化されて表現されているので簡明である．

6.3.3 UNIXの動作の概要

ここでは，UNIXの動作の概要を述べておこう．

最初にUNIXの使用についての最も基本となる操作を説明しよう．ユーザが

6.3 UNIXの例

UNIXを使う場合は，login（ログイン）操作で始まり，logout（ログアウト）操作で終わる．UNIXが起動されて，ユーザが使用可能な状態になると画面にlogin：が表示される．そこでログイン名（ユーザのID）を入れてリターンキーを押すとpassword：となってパスワードの入力を求められる．パスワードは，個人を識別するための秘密情報であり，前もってシステムへ登録しておく．パスワードを入れてリターンキーを押すとプロンプトが表示されて，コマンド入力待ち状態になる．ユーザの作業が終わってUNIXの使用を終了するときは，logoutを入れてリターンキーを押す．このことにより，UNIXはユーザがUNIXの使用を終了したことを知る．

次に，入出力装置からのコマンドやデータの入出力，シェル，**カーネル**，プロセスの関係から，UNIXの動作の概略を眺めてみよう．図6.10にこれらの関係を示す．図中に示す番号の矢印は二つの間の関係を示しており，それらの番号の動作の概略を以下に示す．

①キーボードなどの入力装置やほかの計算機などから入力されたコマンドはシェルにより読み込まれる．

②入力コマンドが存在し，実行可能であれば，シェルによりそのコマンドに対応するプロセスが生成される．UNIXでは，ファイルも実行可能なプロセスとして扱われる．

③プロセスは実行権を得ると，UNIXの本体のモジュールのカーネルの機能を使いながら，キーボードなどとの入出力をシェルを使わずに行う．

④プロセスの処理が終了すると，キーボードなどの入力装置の制御はシェルに

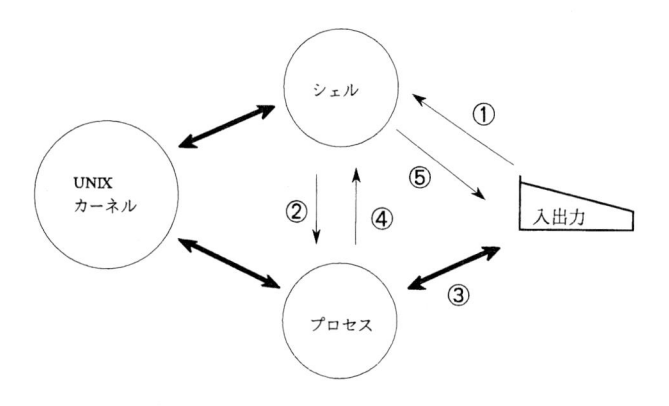

図6.10 入出力装置からの入出力，シェル，カーネル，プロセスの関係

移る．
　⑤シェルは再び入力待ちとなる．

a. コマンド

　UNIX は会話型のシステムであり，ユーザが UNIX へコマンドと呼ばれる要求（各種の修飾が可能なマクロな命令と考えてよい）を発するとその要求に答えてくれる．普通この要求とその応答は画面を通してなされる．UNIX 上で行われるすべての作業は，UNIX がコマンドを解釈し，実行することによって行われる．これは，アセンブラ，Fortran，COBOL，パスカルなどの各種の言語を使用して処理を行うとき，おのおのの言語の中で使用できる命令を用いてプログラムを書くことに対応している．一般に UNIX のコマンドには，単純な動作を行うものから非常に複雑な動作を行うものまで多くの種類がある．任意の一つのコマンドは次の形をしている（ただし，オプションと引数部のないものもある）．

コマンド名 [オプション] [引数]

コマンド名の箇所には必要なコマンドを書く．**オプション**は，一般に UNIX のシステムで標準として与えられるもので，コマンドに条件を与えると解釈してよく，−（マイナス）記号と文字列で与えられる．詳しくはマニュアルを参照した方がよい．**引数**は変数（パラメータ）であり，一般にはファイル名である．コマンドによっては，オプション部と引数部は複数個のオプションと引数を並べることもある．コマンドはシステム側で用意するだけでなく，ユーザ自体が作ることもできる（コマンドだけでなく，以下に示すシェルやカーネルなどでさえもユーザ自体が作ることができる）．

[例 6.1]　%cc -o aout abc.c

　cc：コマンド，-o：オプション，aout：オプションの引数，abc.c：引数

　この場合，引数で与えられる abc.c というファイル（C 言語で書かれたプログラム）をコンパイルしてその結果を aout というファイルに入れるということを意味している．ここで，%（プロンプトと呼ばれる）は，画面に表示される記号で，そのあとにコマンドを入れてよい状態を示している．

[例 6.2]　%ls -l

　ls は現在自分がいるディレクトリ内の直結の子のファイル名を（アルファベット順に）表示するというコマンドである（自分がいるディレクトリを変えるコマンドも別にある）．−l というオプションを付けることにより，ファイルの名前だ

けでなく，大きさ，作成時刻，作成者，…などの詳しい情報を表示する．さらに，ディレクトリ内の直結の子のファイルの中に，ab1 と ab2 という名前のファイルがあるとき，

　　　　%ls -l ab1 ab2

と引数部を指定すると，ab1 と ab2 とのファイルについてのみ，詳しい情報を表示する．

[例 6.3]　%ls -a

オプション-a は，普通には画面でみれないファイル，たとえば login（画面表示の仕方やキーボードのコード割当てなどの情報が入っている）などを表示する．

[例 6.4]　%ls -r

オプション-rは，ファイルの表示を，ファイル名のアルファベットの逆順にすることを示す．

b. シェル

シェル(shell)とはコマンドを読み込んで解釈し，実行するまでを行うプログラムである．おのおののコマンドを解釈して実行までを導くことからコマンドインタプリタともいわれる．図6.10に示すように UNIX カーネル（あとで述べる）とユーザの間を実際に結び付ける役割をする論理的なプロセッサ（ハードウェアのプロセッサとは異なり，かなり高度なことをいろいろ行ってくれる大きなプログラムと解釈できる）であることから**コマンドプロセッサ**ともいわれる．

いままでに多くのシェルが開発されてきているが，主なものは2種類である．一つは最初に開発されたもので，Bourne シェル（B シェル）と呼ばれている．この名前は，シェルの開発者 S. H. Bourne の名前に由来している．第2のものは C シェルと呼ばれている．これは，カリフォルニア大学バークレー校の J. William などによって開発されたものである．これは Bourne シェルの機能を拡張したものである．C シェルのプログラムは C 言語で書かれている．

c. プロセス

b.では，シェルがコマンドを実行すると説明した．しかし実際には一つのコマンドを実行する際に一つのプロセスと呼ばれるプログラム実行単位が生成され，そのプロセスがコマンドを実行する．コマンドの実行が終了するとプロセスは終了する．シェル自体も一つのプロセスとして実行される．つまり，シェルはユー

ザからのコマンド入力を待ち，コマンド入力があるとそのコマンドを実行するための**子プロセス**を生成するプロセスである．シェルによって生成された子プロセスが，指定されたコマンドの内容を実行する．子プロセスが終了すると，その**親プロセス**(シェル)は次のコマンド待ちとなる．親プロセス，子プロセスの構造は何重になされてもよい．プロセスはそれ自身で入力と出力をもつ別々のプログラムである．なお，各プロセスはすべて固有の番号をもっている．ウィンドウを開いて複数の作業をすると，複数のプロセスが働いていて，それぞれに番号が付与されている．

この項のはじめでも述べたように，ユーザが UNIX を使う場合は，login 操作で始まり，logout 操作で終わる．この場合，login 操作でユーザのプロセスが生成される．最初のコマンド入力により，最初の子プロセスが生成される．以下同様である．最後に，logout 操作でユーザのプロセスは消去される．なお，UNIX が起動されてコマンド入力待ちになっているときは，Shell の入力プロセスが生成されている．

d. カーネル

カーネル(Kernel)とは，スケジューラ，**メモリマネージメント**，**デバイスドライバ**などと呼ばれる機能からできているプログラムの集まりである．これらの機能は次のようなものである．

(1) スケジューラ

ユーザのプログラムが，いつ，どのくらいの間走るべきかを決める．一般に UNIX はマルチユーザに対応している．パソコン用の OS である MS-DOS はシングルユーザで，つまり本来一つのプログラムしか走らないようにできている．Windows になってから，複数のプログラムが走るようになった．しかし，Windows でもまだ ID やパスワードの観念には乏しい(パーソナルコンピュータ用の OS であることを考えれば，役割としてはこれで十分かと思う)．

(2) メモリマネージメント

各プログラムにどれくらいのメモリを割り当てるかを決める働きをする．あるプログラムに十分な量のメモリがないとすれば，ほかのプログラムのメモリ割当てを減らして，このプログラムに割り当てることを行う．前に述べた「仮想記憶」と同様な考えである．

(3) デバイスドライバ

入出力などのデバイスを制御・動作させる最下層のプログラムである．カーネルとデバイスのハードウェアとの間でやりとりを行う．

問 6.8 UNIX のコマンドの例を三つ示し，その動作の概要を説明しなさい．

問 6.9 シェルの処理の概略についてフローチャート（または状態遷移図）で示しなさい．ただし，コマンド入力待ち，プロセス生成，子プロセス生成，子プロセス実行（指定ファイルの実行）など（ほかにもノードが必要であるが，自分で考えなさい）のノードを用いなさい．

6.4 パソコンの OS の歴史

6.4.1 パソコンの OS の歴史

パソコンはパーソナルコンピュータ (Personal Computer) の省略形である．なお，**PC** といってもよい．1971 年のマイクロコンピュータの登場により，コンピュータの小型化が始まり，初期は**マイコン**（マイクロコンピュータ）といわれた時期もあった．パソコンとして登場してきたのは，1976 年アップル社の Apple I が最初といわれている．汎用機と同じように，最初は OS のようなものはなく，BASIC 言語をもち，プログラムを開発し，実行する環境のみがあった．OS が登場したのは，1975 年インテル社から発表になった CP/M である．これは，基本的入出力の管理とディスクファイルの管理を行い，キーボードから入力するコマンドを解釈して実行することを行うことができた．

CP/M はあまり発展せずに，マイクロソフト社から発表になった **MS-DOS** (MicroSoft-Disk Operating System) が主流となった．このコマンド体系は，UNIX のコマンド体系を縮小化したものであった．アップル社は Macintosh OS を，モトローラ社は OS/9，IBM 社は IBM DOS を発表している．これらは，コマンドを使って応用プログラムを実行させる方式であった．わが国でも，TRON が開発された．パソコンは個人利用であり，キーボード操作に熟達できなくても，各種応用プログラムが使いやすいように OS が変わってきた．この方向が，応用プログラムを複数ウィンドウに出す**マルチウィンドウ**である．この傾向が，アップル社の OS に現れ，ついでマイクロソフト社の Windows 3.0 の OS となった．

現在パソコンの OS の大部分はマイクロソフト社の **Windows** 系列であり，一

部にMac OSが利用されている．また，UNIXのパソコン版の**Linux**も伸びてきているので，将来の動向にはやや不明なところがある．最近の傾向として，応用プログラムである「ワープロ」と「表計算」，「データベース」などはWindowsとMac OS，あるいはLinuxどちらのOSでも使えるようにソフトメーカが努力している．また，ネットワークの利用しやすさも消費者にパソコンのよさをアピールする材料になっており，OSを意識せずにメールやデータを交換できるようになっている．以下ではWindowsを中心にしてパソコンのOSの説明をする．

6.4.2 Windowsの特徴

Windowsは大別すると，個人向けのWindows 95，Windows 98と企業向けのWindows NT 4.0がある．前者は徹底的に個人の使い勝手をよくするように考えているのに対し，後者はビジネスを考えて，安定性やセキュリティを重視している．この違いが現れることもある．たとえば，ハードディスク上に使用領域確保を行わなければならないが，このときWindows 95/98とWindows NTのそれぞれのファイル領域の確保の方式によっては，まったく互換性のないファイルもできてしまうこともある．また，Windows 95/98がマルチウィンドウとマルチタスクであるが，Windows NTはさらにマルチユーザの特性をもっている．

マルチウィンドウは，応用プログラムを使用する際に，利用者の都合のよいようにウィンドウをいくつでも，システムの許す限り開くことのできる機能である．ワープロと表計算のウィンドウを開き，表計算で計算しながらワープロに計算結果を文章化するなどが典型であるし，インターネットのWeb画面や電子メールのウィンドウも同時に開くなどは，日常使っているところである．

マルチタスクはプログラムの最小単位，あるいは前に述べたスレッドの単位を複数のCPUが処理することができる機能である．スレッドの処理途中でほかのスレッドに処理を移す場合に，ただちに処理を移すことができるようになっている．Windows 3.0の場合には，処理中のスレッドが終了するまで，新しいスレッドに処理を移すことができなかった．この意味は，マルチウィンドウで，いつでもほかのウィンドウに処理を移すことができる，つまり利用者の使い勝手をよくしたことに相当する．

Windows NTでは，これにマルチユーザ機能がある．同時に複数の利用者

(ユーザ) が，互いに干渉されることなしに使うことができる．このために，利用者ごとに利用識別名 (ID) とパスワードを与え，ファイルも利用者ごとに分けて，セキュリティを高めている．

　メモリ管理では，どちらも仮想記憶，キャッシュ記憶をもっていて大容量のプログラムを高速に処理できる．しかし，Windows 95/98 は利用者の使い勝手を優先した設計のために，メモリ管理が甘く，同時に多数のウィンドウを開いて処理中にシステムビジーのメッセージが出て，システムが停止することもままある．Windows NT はこのようなことがなく，安定に動作する．Windows NT はネットワーク OS であり，また複数の CPU を効率よく働かせるマルチプロセッサの OS でもある．もちろんネットワークのサーバとしての機能も持ち合わせている．

　一方，Windows 95/98 はネットワークのクライアントとしての機能しかもっていない．しかし，きわめてローカルな LAN の構築をすることができる機能は備えている．

7 コンピュータネットワーク

 最近共通の基盤の下に，インターネットといわれるコンピュータを使った通信が急速に立ち上がり，世界中のパソコンやワークステーションをネットワークで結んでいる．さらに，マルチメディアなるものもこの上で動き出している．コンピュータネットワークは今後の社会での重要な地位を占めることに疑いはない．したがって，その動作や原理を知っておくことは，工学者にとって鍵となる．ここではコンピュータネットワークの概要，ネットワークの標準化，インタフェースとプロトコル，インターネット，ネットワークOSなどの基本事項について学ぶ．

7.1 コンピュータネットワーク概説

 ここでは，コンピュータネットワークの物理的な接続形態(トポロジー)を眺めてみよう．図7.1に示すように，コンピュータは**通信装置**を経てネットワーク(通信回線)へ接続され，相手側の通信装置を経てコンピュータへ接続される．この図でのコンピュータは，簡単なデータ端末装置(DTE)(テレタイプなど)である場合もあるし，パソコン，ワークステーション，さらにはスーパーコン

図7.1 コンピュータネットワーク

7.1 コンピュータネットワーク概説

ピュータや大規模な超並列コンピュータである場合もある．また，通信装置は，コンピュータの入出力信号と，ネットワーク（通信回線）で伝送できるための電気信号などとの間を，変換するための装置である．アナログ回線を使うための比較的簡単なモデムなどのデータ回線終端装置（DCE）である場合や，光高速回線との変換などを行う高速通信制御装置である場合もある．ネットワーク（通信回線）は，お互いに情報を送受信しあう通信路である．最も簡単な場合は，A点とB点が一つの線によって直接に接続されている場合である．A点から出たデータは，異なるいくつかのネットワークと通信装置（通信ノード）を経たあと，B点に到達する場合もある．経路の途中には，交換機を経る場合もあるし，また，通信回線や衛星回線を経ることもある．

企業や大学などの比較的小さな範囲で使用されるネットワークは，**ローカルエリアネットワーク**（**LAN**：Local Area Network）といわれる．LAN接続形態には，図7.2に示すようにいくつかの基本的なものがある．(a)に示す**線形**，(b)

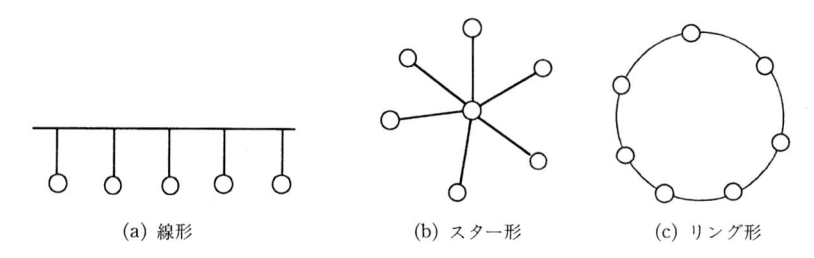

(a) 線形　　　(b) スター形　　　(c) リング形

図7.2　LANの基本接続形態

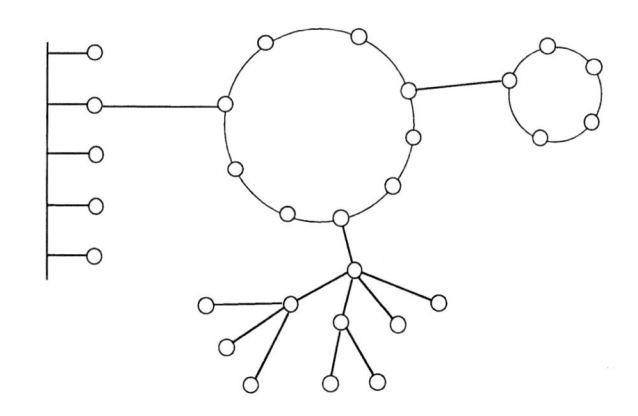

図7.3　大規模LANの接続形態の例

のスター形，(c) のリング形が現在の LAN の基本的な接続形態である．LAN の中にも大規模なものもあるが，その場合であってもこれらの基本的な形態の混合形態であり，その一例を図7.3に示す．

LAN に対して，公衆データ通信回線や国際間のデータ通信回線などを利用した比較的遠距離の広い範囲に渡るネットワークは，**広域ネットワーク** (**WAN**: Wide Area Network) といわれる．WAN であっても，一般にノード間の距離が離れているだけで，接続形態は LAN と同様である．しかし，電気的な特性としては一般に高速な伝送特性が要求されることが多い．

問 7.1 自分あるいは友達をグラフのノードにし，あるレベル θ 以上親しい友達の間には枝があるとする（自分の判断でよい）．このグラフを仮に集団友好グラフと呼ぶことにする．θ の大きさは自分が適当に設定してよい．θ の大きさを二つ程度設定して，過去の学年のクラス（小学校，中学校など），現在のクラス，またはサークル（運動部，文化部など）などの集団を二つ取り上げ，その集団の構成員に対しておのおの集団友好グラフを作成しなさい．ただし，個人の氏名は記入せず，（自分の頭の中で）個人とアルファベット2文字で対応をとり，グラフにはそのアルファベット2文字を記入しなさい（都合が悪ければ集団名も適当に記入してよい）．

7.2 ネットワークの標準化

前節では，コンピュータネットワークのトポロジー的な接続形態を眺めてみた．コンピュータネットワークにおいて，いくつかの大切な要素がある．高速に情報が伝送されること，**安価**であること，**安全**であること，**信頼性が高い**ことなどは大切な要素に属する．これらの大切な点と関連していることであるが，コンピュータネットワークにおいて基本的に大切なことは，情報がいかなる変換を経ても，またいかなる媒体を経て送られようが，送信者（送信コンピュータ）の送る情報が，受信者（受信コンピュータ）に正しく伝わることである．すなわち，送信者の意図する内容が，受信者に理解できる表現で同じ内容に伝わることである．このことは，送信側のコンピュータと受信側のコンピュータがまったく同じものである場合は比較的容易に達成できよう．しかし，コンピュータが異なる場合には複雑になる．このことは異なる言語を話す人間同士が会話することが容易ではないことを考えれば理解できる．すなわち，いずれかの言語に統一して話すか，あるいは共通の言語を用いて話すかなどの工夫を要する．一般にコンピュー

タネットワークでは，異なるタイプの多くのコンピュータが接続される．コンピュータの種類，規模などは増えてくるばかりで年々その複雑さは増すばかりである．個々のコンピュータが相手のすべてのコンピュータの言語を理解できるようにするには非常に効率が悪くなる．そこで，ネットワークの上では共通な言語を使うことに約束し，おのおののコンピュータは共通な言語と自分の言語との間の対応さえわかるようにすれば，どのコンピュータもどのコン

7	応用層
6	プレゼンテーション層
5	セッション層
4	トランスポート層
3	ネットワーク層
2	データリンク層
1	物理層

図 7.4　階層構造からなる OSI 基本参照モデル

ピュータと通信することができるようになる．この考えの下に考案されてきて世界的に統一化されているものが，**OSI 基本参照モデル** (OSI : Open System Interconnection) といわれるものである．

　OSI 基本参照モデルは，図 7.4 に示すように 7 層の**階層構造**からなっている．国際標準化機構 ISO (International Organization for Standardization) が定めた基本参照モデルである．おのおのの層は下側から上側へ 1 から 7 の層の番号が付けられており，それらの層はまた図に示すような名称が付けられている．7 層の階層構造にしている理由は，おのおののハードウェアの特性を無理なくスムーズに汎用言語で理解できるようにするためである．このことは，高級言語を用いて，ある処理を計算機に行わせることを考えれば理解できよう．人は意図する処理内容を，たとえば FORTRAN などの高級言語で，記述する．この場合に，人間の意図 (言語) と高級言語 FORTRAN の命令との間には対応する規則がある．高級言語で記述されたプログラムを PF としよう．PF はマシン M の中のコンパイラによってオブジェクトコード PO に変換され，実行される．この場合に，ほかの異なるコンピュータ M_i 上で実行する場合はどうであろうか．高級言語で記述されたプログラム PF は M_i でも理解でき，M_i のコンパイラは M_i のオブジェクトコード PO_i を生成して実行する．結果はどちらのマシンであっても同じものになる．すなわち，高級言語は共通な言語であるため，同じプログラム PF が異なるコンピュータで同じ意味で実行できる．OSI 基本参照モデルは，多くの種類の複雑なコンピュータが応用層での共通な言語を無理なく解釈できるようにするために，途中で経る言語 (規約) 数を増やして 7 層としている (実際には，7 層まで使用せずに共通な言語 (規約) になっている場合も多い)．

さて，それでは7層のOSI基本参照モデルの概要を眺めてみよう．
(1) 物理層

物理層は，接続に用いるケーブルのコネクタの形状，ピンの数と種類，電気信号の規格などを規定する．また，光に関しても規定している．モデムに関しても規定している．

(2) データリンク層

物理層では0,1のデータを受け渡す．それを意味がある情報の単位として区切るのが**データリンク層**の役割である．

(3) ネットワーク層

経路の選択 (routing) が**ネットワーク層**の役割である．経路の選択は，小規模のLAN (Local Area Network) ならばあまり問題にならないが，広域のWAN (Wide Area Network) となると，重要な仕事となる．

(4) トランスポート層

トランスポート層は，通信の品質を保証する役目を果たす．エラーがある場合やパケットの順番が異なっている場合などにも，これを修復し，順番を正しく並べ替えるなどを行う．

ここで**パケット**について簡単に説明しておこう．普通コンピュータ間通信は，電話と違って，内容を小さく区切ってパケット (packet) と呼ばれる単位 (一定の長さとは限らない) で送る方法がとられる．このために，各パケットには差出人，宛先や，伝送途中でエラーが発生したかどうかの検査を行う情報などが含まれなければならない．このような詳細を決めることにより，コンピュータ間の通信は間違いなく行うことができるようになっている．

(5) セッション層

セッション層は，通信が会話としての秩序を保つように制御を行う．送信権の制御や同期の確立などを行う．

(6) プレゼンテーション層

プレゼンテーション層は，文字コードの変換やデータ構造の変換を行う．

(7) 応用層

応用層は，応用プログラムが利用できる層で，実際のネットワークの利用者が利用できるサービスを提供する．

7.3 インタフェースとプロトコル

ここでは，7.2節で示したOSI基本参照モデルについて基本的な概念を説明しよう．

コンピュータノードAがコンピュータノードBに向かって情報を伝達する（処理要求が発せられる）場合を想定して，情報（処理要求）がどのように伝達されていくかの概要をみよう．

コンピュータノードAの応用層（第7層）のコマンド（コマンド列，データ）を用いて発せられた情報（処理要求）PA_7は，第6層のプレゼンテーション層内の能動プログラムによって第6層レベルのデータ形式（処理要求列）PA_6へ変換される．以下同様に，第$(i+1)$層のコマンド（コマンド列）を用いて発せられた情報（処理要求）PA_{i+1}は，第i層の能動プログラムによって第i層レベルのデータ形式（処理要求列）PA_iへ変換される．この模様は図7.5のノードA部分に示されている．図7.5に示すように，第1層（物理層）まで降りてきたデータPA_1は通信ネットワークを経由してコンピュータノードBまで伝送され，ノードAとは逆の動作すなわち，下の層から上の層へデータは順次変換されて応用層に達する．すなわちノードBへ到達したデータPB_1は，$PB_1 \to PB_2 \to PB_3 \to PB_4 \to PB_5 \to PB_6 \to PB_7$によってノードBの応用層に達する．このことによって，（正しく伝送されるならば）ノードBは，ノードAから届いた処理要求（コマンド列，データ）が，PA_7であることを認識する．

さて，情報伝達の概要をみたが，おのおののノードの中の層では，第$(i+1)$と第i層との間のデータ形式の変換を層間の規約にしたがって行わなければならない．このときの層間の規約を一般に**インタフェース**(interface)という．すなわち，層間のインタフェースにしたがってデータの形式が変換される．ノードAの第i層のデータPA_iは，ノードBへ届いて第i層のデータPB_iとして復元されるが，ノードBにとってこのデータがPA_iであると認識するためには，第i層間での規約がなければならない．すなわち，ノードAの第i層とノードBの第i層との規約が必要になる．一般に，同一層内での規約として，異なるノード間で規約が異なっていたのでは標準化の意味をもたないので，同一の層内ではどのノード間であっても同じにする．このことによって，規約が非常に簡単なも

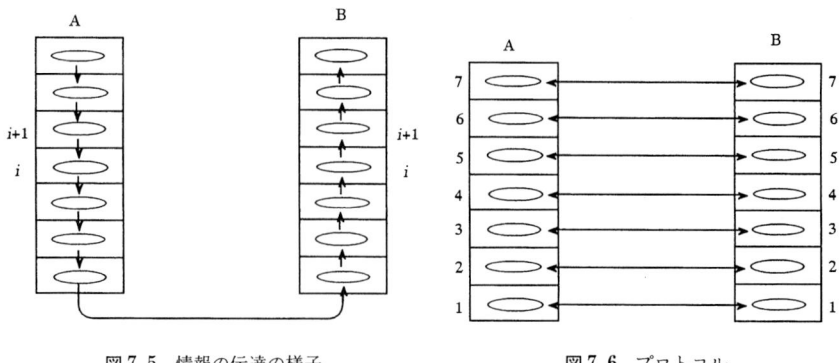

図7.5　情報の伝達の様子　　　　図7.6　プロトコル

のになる．このように，異なるノード間の同一の層での規約を**プロトコル**（protocol）と呼ぶ．すなわち，第 i 層間のデータは第 i 層のプロトコルによって解釈される．このプロトコルの様子を図7.6に示す．

図7.5での情報伝送では，ノードAの第 $(i+1)$ 層のデータ PA_{i+1} は，一つ（一塊）の第 i 層のデータ PA_i へ変換されるように説明したが，必ずしもそうとは限らない．第 $(i+1)$ 層のデータ PA_{i+1} が第 i 層のデータ形式に変換するには大きすぎるなどの理由のため（インタフェースによって），図7.7に示すように $PA_{i1}, PA_{i2}, \cdots, PA_{ik}$ のように k 個に**分割**される場合がある．この場合に，第 i 層から下の層では，$PA_{i1}, PA_{i2}, \cdots, PA_{ik}$ 間はお互いに何も関係がないデータであるかのようにして送られる．しかし，ノードBに届いたデータが第 i 層まで復元されて，$PB_{i1}, PB_{i2}, \cdots, PB_{ik}$（もちろん，これは第 i 層のプロトコルに基づいて $PA_{i1}, PA_{i2}, \cdots, PA_{ik}$ に等しい）となったあとは，第 $(i+1)$ 層と第 i 層の間のインタフェースによって $PB_{i+1}(PA_{i+1})$ へ復元される．この合成の復元は**組み立て**と呼ばれる．

第 $(i+1)$ 層のデータと第 i 層のデータとのインタフェースには，上述したデータの分割と組み立てに類似した結合と分解がある．**結合**は，図7.8に示すように，第 $(i+1)$ 層の中のまったく異なる m 個のデータ $P_1A_{i+1}, P_2A_{i+1}, \cdots, P_mA_{i+1}$ を一つの塊のデータ PA_i として一緒にすることをいう．したがって，これより下位の層では一つのデータとして扱われる．この場合，ノードBに届いたデータが第 i 層まで復元されて，PB_i（もちろん，これは第 i 層のプロトコルに基づいて PA_i に等しい）となったあとは，第 i 層と第 $(i+1)$ 層の間のインタ

```
          A                          B
   ┌──────────────┐            ┌──────────────┐
i+1│    ( ○ )     │i+1      i+1│    ( ○ )     │i+1
   │   ↙ ↓ ↘      │            │   ↖ ↑ ↗      │
 i │  ○  ○  ○     │ i        i │  ○  ○  ○     │ i
   └──────────────┘            └──────────────┘
      (a) 分割                     (b) 組み立て
```

図 7.7 分割と組み立て

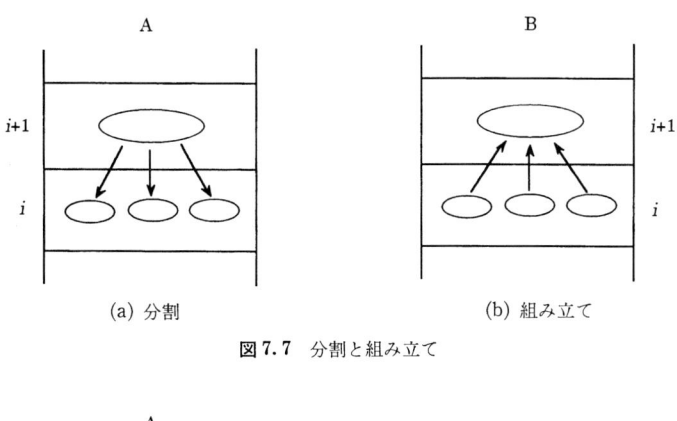

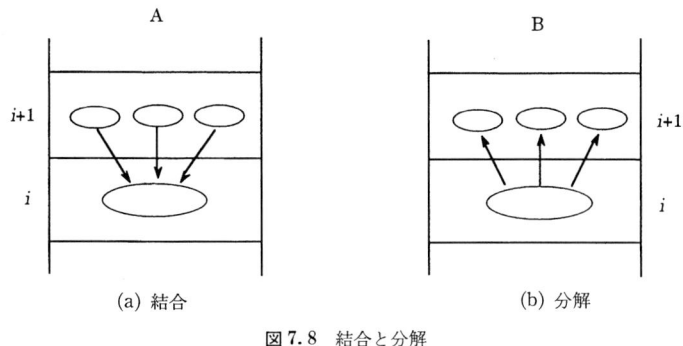

```
          A                          B
   ┌──────────────┐            ┌──────────────┐
i+1│  ○  ○  ○     │i+1      i+1│  ○  ○  ○     │i+1
   │   ↘ ↓ ↙      │            │   ↗ ↑ ↖      │
 i │    ( ○ )     │ i        i │    ( ○ )     │ i
   └──────────────┘            └──────────────┘
      (a) 結合                     (b) 分解
```

図 7.8 結合と分解

フェースによって $P_1B_{i+1}, P_2B_{i+1}, \cdots, P_mB_{i+1}$ へ復元される．この場合の復元は**分解**と呼ばれる．

問 7.2 実社会の中で，一種のインタフェースとプロトコルと思われるものをおのおの一つずつあげ，その内容や規約を説明しなさい．

問 7.3 物理現象や社会現象など何でもよいが，分割と組み立てに対応すること，および結合と分解に対応することにはどのようなものがあるかをおのおの述べ，その概略と理由を説明しなさい．

7.4 インターネット

近年目覚ましい発展をしているものに**インターネット**がある．マルチメディアの用語とともに最近のマスコミを賑わせている．ここではインターネットとはどのようなものかを眺めてみよう．

インターネットは，1970年に米国防総省(DARPA)が出資して構築した

ARPANETに始まる．このネットワーク上で開発された通信プロトコルが**TCP/IP**であり，いまやネットワーク通信プロトコルの標準になりつつある．その後，1986年には全米科学財団NSF(National Science Foundation)が教育・研究用のネットワークとして**NSFnet**の運用を開始し，ARPANETもNSFnetに接続された．当初はNSFnetは政府が出資しているため，企業が営利の目的で使うことはできなかったが，いまは企業でも使うことができるようになっている．電子メールが通信の基本形としてよく使われ，その後，NSFnetに接続するネットワークが次々に増え，いまや全世界の人々がNSFnetに接続して通信できるようになった．このようにして，インターネットとは，NSFnetとTCP/IPによってNSFnetに接続されたネットワークの全体を意味するものとして解釈されている．インターネットが現在のように普及し，発展してきているのも，利用者の立場に立ってネットワークが構成されたためといわれている．

現在，インターネット上では，各種の情報サービスが行われている．日本では，1992年に最初の商用サービスが始まった．以下の内容をはじめとして，各種の利用方法が実施および開発，研究されている．

(1) 電子メール：郵便代わりとして，どこへでも簡単に文章が送れる．

(2) WWW(World Wide Web)：欧州物理学研究所(CERN)で開発されたサーバソフトであり，ネットワーク上でさまざまなリンクを張ることができる．テキスト，画像，音声などマルチメディアを扱うことができる．Mosaicと呼ばれるクライアント用のソフトが最初で，インターネットエクスプローラ，ネットスケープが世界の2大ソフトである．現在は，コンピュータメーカはもとより，出版社，報道機関，官庁，さまざまな企業や家庭までサーバを立ち上げている．

(3) Mbone(IP Multicast Backbone)：現在，まだ実験段階のものであるが，WWWが静止画であるのに対して，動画を音声とともに実時間で送ることができる．

問 7.4 家庭から，インターネット上で各種の情報が容易に得られる(情報へ容易に働きかけられる)ようになるとき，利用者の観点からはどのようなことを考慮しなければならないか，あるいは対策を考えなければならないかなどについて，思いつくことを二つ示し，その理由を述べなさい．

問 7.5 インターネットがさらに発展するための，技術的な課題と思われることを二つ示し，その理由を述べなさい．

7.5 ネットワーク OS

ネットワーク OS とは，通信プロトコルによって送受信されるデータを利用者の観点から容易に利用できる環境を OS の中に組み込んだものである．理想的なネットワーク OS とは，ネットワークに接続された資源（リソース：プリンタ，ディスク，パソコン，ワークステーションなど）を，どの物理的位置にある端末（パソコン，ワークステーションなど）からもあたかも**スタンドアロン**（単体）の計算機を使っているかのように手助けをしてくれるシステムプログラムである．初期の OS は単体の計算機そのものだけを使う際に手助けをするもの（基本 OS）であったが，最近のほとんどの OS は何らかの意味でネットワーク機能を含んだものになっている．このような意味では最近の多くの OS はネットワーク OS といえる．未来の理想的ネットワーク OS は，ローカルなネットワーク内はもとより，インターネットなどにより全世界に接続された資源を，どの端末からも不自由なく使うことができるように動作してくれるものといえる．この節では，最初にネットワーク OS の位置付けについて述べたあと，近年利用が著しいネットワーク OS の基本事項について述べる．

7.5.1 ネットワーク OS と通信プロトコルとの関係

ここでは，ネットワーク OS といままで学んだ通信プロトコルとの関係を眺めてみよう．

いままで学んだように，**通信プロトコル**とは，離れた箇所にあるノード間の通信の規約，あるいは通信を行うことを前提にして，おのおのの処理のステップ間で満たすべき規則を述べているだけであって，プロトコル自体はプログラムでも何でもない．たとえば，ユーザのネットワークサービスを行う場合（メッセージを送るとしよう），メッセージは，たとえば OSI 基本参照モデルに基づいて，上位層から下位層に向けてヘッダなどが付けられて（また，必要ならばパケットも分割されて），イーサネットで送られる．この際に，おのおのの層の規約に基づいてヘッダなどが付けられるが，そのときの処理自体は OS（あるいは OS によって起動されたプログラム）によってなされる．

さて，ネットワーク OS は，基本 OS（通信プロトコル処理部分を含まない

OS)へ，通信プロトコル処理部分を加えた OS であることは先に述べた．それでは，ネットワーク OS はどのような処理を行うかをもう少し詳しくみてみよう．

一般に，ユーザプログラムの処理は，ユーザ自身のノードで処理が可能なものと，ユーザ自身のノードでは処理が不可能でネットワークを通してほかのノードに依頼する処理からなる．前者をローカル処理，後者をリモート処理と呼ぼう．このとき，ネットワーク OS (あるいはネットワーク OS によって起動されたプログラム) は，ユーザプログラムの処理を次の手順で行う．

(1) ユーザプログラムのどの処理をローカル処理，リモート処理で行うかを決定する (リモート処理の特別なものに，メッセージを誰かへ送信するなどの明らかなものもある)．また，リモート処理の場合には，どのノードへどのプロトコルを使って依頼するのかを決定する (これらのパラメータについては，ユーザプログラムから指定される場合もある)．

(2) **ローカル処理**：ローカル処理は自ノードで行う．この場合の手順やプログラムの起動などを行う (基本 OS の範囲の動作)．また，その結果は，定められた領域や変数などの (メモリ) へ格納する．

リモート処理：リモート処理はリモートノードで行ってもらうため，それを送信するためのパケットをプロトコルに基づいて作成し，リモートノードへ向けて送信する．やがて，リモートノードで処理が終了して結果が返されると，それを受信し，プロトコルに基づいて逆変換し，定められた領域や変数などの (メモリ) へ格納する．

(3) ネットワーク OS (あるいは OS によって起動されたアプリケーションプログラム) は，ユーザプログラム処理の必要な箇所へローカル処理結果，リモート処理結果を代入し，結果をユーザプログラムへ返す．

7.5.2 ネットワーク OS の発展経過

初期の OS は，通信機能は含まないものであり，おのおのの装置 (計算機) を効率よく動作させ，ユーザにとって使いやすい環境を提供するものであった．パソコンでも MS-DOS や Macintosh 用の OS はそのようなものであった．

ネットワーク OS の必要性は，比較的大きな会社などのホストコンピュータを管理する EDP (Electronic Data Processing) 部門で叫ばれはじめた．ホストコンピュータへのアクセスを社内の離れた箇所から端末などを使用してアクセスし

たいという要望からであり，RS-232C を利用した通信などによって行われはじめた．このことによって，OS 自体も，そのような端末の処理を可能とするものへと移り，いわゆる初期のネットワーク OS が作られていった．

また，パソコンやワークステーションの利用者からは，資源利用などの経済性，利便性から LAN の必要性が叫ばれ，1980 年には Xerox, Intel, DEC の 3 社によって Ethernet 規格が発表され，それ以来，LAN は急速な発展をしていった．いうまでもなく，このようなノードには，Ethernet によって送受信されるデータを扱えるための OS が組み込まれることになる．初期の多くの計算機利用形態は比較的処理能力の高い計算機を中央におき，通信回線によって端末からアクセスするネットワーク形態が多かった．しかし，パソコンや WS の CPU 処理能力の向上によって，ネットワーク利用による分散処理形態の方が経済的にも有利となり，ますますネットワーク利用は高まっていった．以来，各種の計算機やネットワークが生まれると同時に，それらをネットワークに接続する関係から，各種のネットワーク OS が誕生してきた．

最近のネットワーク OS を分類すると次のようになる．しかし，パソコンの処理能力が WS なみになってきているので，境界はあまりなくなってきているといえる．

(a) WS ネットワーク用 OS
(b) パソコンネットワーク用 OS

UNIX は代表的な WS ネットワーク用 OS である．UNIX は当初からネットワーク処理を目的とした OS であり，各種の便利な通信プロトコル処理を可能にする操作が組み込まれた．このような LAN の多くは，処理能力の高い**サーバ**がネットワーク内のノードとしてある場合が多く，いわゆるクライアント-サーバ形処理がなされる．このことから，サーバの処理に適した OS である**サーバ用 OS** と，**クライアント**の処理に適した OS である**クライアント用 OS** が必要になってくる（詳しくは 7.5.3 項で述べる）．

一方，Windows NT はパソコンを含めた LAN の OS である．また Windows 95/98 でも小規模な LAN とクライアントが容易にできる．小さな会社などでは，パソコンをベースにした小規模なネットワークで十分なことも多い．すなわち，ほぼ同等の能力をもったパソコン間でデータを共有するなどの目的でネットワークが組まれている場合である．このような場合は，対等な通信ができ

ればよく，そのような意味で対等通信形ネットワークOS(詳しくは7.5.3項で述べる)が利用される．

7.5.3 ネットワークOSの種類
a. 対等通信形ネットワークOS

複数台のパソコン，プリンタ，通信ノード，その他が接続される小規模なネットワークを想定している．

このようなネットワークでは，プリンタなどへの送信や，パソコン間，あるいは**ルータノード**を介してWANとの送受信が行われる．データの送受信能力はほぼ対等であり，パソコンはクライアントとしても働くし，サーバとしても働く．ただし，サーバとして動作する場合であってもほかのノードより特に処理能力が際だって高いものではない．このようなノードのOSとしては，それらの通信を処理できるOSであれば十分である．しかし，**仮想ディスク**(どこにあるディスクでも自分のところにあるディスクと同じように利用できる機能)，**仮想プリンタ**，メッセージ交換などの機能はある．このようなOSは，MS-DOS，Windows，MacなどのOSへクライアントとサーバの両方の役割を行う機能(もちろん，通信機能も含まれる)を追加したものである．このようなネットワークは，**対等通信形ネットワーク**とも呼ばれ，ノードで利用されるOSは**対等通信形ネットワークOS**と呼ばれる．このようなOSの例として，Netware Lite，LANstatic，10Net，Qnet，LANジュニアなどがある．対等通信形ネットワークOSの特徴は以下のようなものである．

(1) 安価である．
(2) 設置や操作も容易であり，専用の管理者も一般にいらない．
(3) どの(計算機)ノードもクライアントとサーバの両機能がある．

当然であるが，特定なノードのサーバへ処理要求が集中すると，クライアントへの応答は極端に遅くなる(サーバの能力が小さいので)．

b. クライアント-サーバ形ネットワークOS

ネットワーク内に処理能力の高い特別な処理を行うノード(たとえば，管理ノード，データベースエンジン，スーパーコンピュータなど)があるとき，これらのノードは一般ノードからはサーバとして利用される．また，一般ノードはクライアントと呼ばれる．このような環境のネットワークは**クライアント-サーバ**

形ネットワークといわれ，そのノードで利用されるOSは**クライアント-サーバ形ネットワークOS**といわれる．ただし，このOSの呼び方は総称的なものであって，具体的には，サーバノードで利用されるサーバ用OSと，クライアントノードで利用されるクライアント用OSとは別なものである．以下，おのおののOSについて眺めてみよう．

(1) サーバ用OS

一般に，サーバは複数個のノードから同時に処理を要求されることがあることなどの特性から，サーバ用OSに要求される項目を記すと次のようになる．

＊複数個のノードからの処理要求に応えられること（サーバのハードウェア動作がクライアントのそれと比べて高速でなければならないことは，いうまでもない）．

＊高信頼性，高安全性を満たすこと．

＊多くのクライアントのノードのタイプ（OSの種類）に対応できるマルチベンダータイプのOSであることが望まれる．

＊特殊な専用処理サーバではない汎用サーバでは，クライアントからの各種の処理を可能にする必要があり，それらのサービスを提供できること．

サーバ用OSの例には，Windows NT Advanced Server, UnixWare Application Server, WWWなどがある．

(2) クライアント用OS

クライアントは，ローカル処理を可能にする基本OSのほか，サーバが処理できる通信プロトコル処理の可能なネットワークOSであればよい．また，サーバが情報発信するデータを受け入れられる必要もある．

クライアント用OSの例には，Windows NT, Windows 95/98, UnixWare Personal Edition, Mosaicなどがある．

c. 閉鎖形システムと開放形システム

ここでは，ネットワークOSをネットワークの規模からではなく，利用者からみた別の観点で分類してみよう．

目的の処理に対して，ネットワークの利用により，複数のコンピュータ（自分以外の離れた箇所にあるコンピュータ）を利用して行うことを**分散処理**という．この分散処理のためのOSを**分散処理OS**という．このような分散処理においては，ネットワークやおのおののコンピュータ，さらには各種の資源の物理的構造

や特性などを利用者が意識する必要があるかどうかがある．まったく意識せずにすむとき，**透明性** (Transparency) があるといわれる．利用者の立場からは，一般に OS のあらゆる機能において透明性があることが望まれるが，現在の技術レベルにおいては経済性や効率も考慮して，特殊な機能については透明性があるが，ほかの機能については透明性がないなどのシステムとなっている．このような OS の機能の透明性の観点から，一般に分散処理 OS は，ネットワーク OS と分散形 OS に分類される．ネットワーク OS では，システムの管理はノードごとに独立しており，そのため透明性は一部の機能に限定されるか，まったくないかになる．NFS や NIS などのファイルの利用機能は透明性を満たしているものである．一方，分散形 OS では，プロセス管理やファイルの管理などのすべての OS の機能に渡って透明性を満たそうとする．この結果，ユーザの利用環境はどのノードからも同じものになる．したがって，ユーザのプログラムはネットワークシステム内のどのノードによって処理されているかはユーザにとってはまったくみえないものとなる．

ユーザの観点からは透明性の点で分散形 OS の方が好ましいが，分散形 OS ではすべてのノードに同じ OS を搭載しなければならないという欠点がある．すなわち，OS の異なる機種の計算機は接続できないという閉鎖的な性格がある．この意味で同一な OS をもつノードしか接続できないシステムを**閉鎖形システム** (Closed System) と呼ぶ．一方，ネットワーク OS は透明性を満たせない欠点があるものの，ネットワークのプロトコル条件さえ満たせば異なる計算機を任意に接続することができる．この意味でネットワーク OS からなるシステムは**開放形システム**といわれる．OSI 基本参照モデルはまさにプロトコルを同一にして開放形システムを実現するモデルである．

このような利点，欠点から分散形 OS の利用は，LAN 上での高速処理などに限定されている．一方，ネットワーク OS は，一般の会社，大学，研究所などの LAN からさらに広域な WAN に至るまでほぼ任意の端末を接続することができ，その簡便性と利便性から，近年特に著しく発達し，利用されてきている OS であるといえる．ネットワーク OS には，対等形 (Peer to Peer) ネットワーク OS と呼ばれるきわめて小規模なネットワーク用のものから，WWW や Mosaic などのように世界的規模のネットワークに通用する**データベース用 OS** まで各種のものがある．

問題の解答

問 1.1 ヒント：炊飯器の場合については，以下のような動作が必要である．これらについて，制御器としてのMP(マイクロプロセッサ)への入力と出力を仮定し，それらの関係を示せばよい．

まず，どのような動作モード(炊き込み方法など)があるかを考える．たとえば，以下のような簡単なものを仮定する．

(1) 普通の米ご飯の炊き方としてa, b, cの3通り(熱の加え方のカーブ(時間に対する加熱温度)が異なる)があるとする．これは人間がマニュアルで与える．

(2) 熱の加え方は，米と水の量によって異なるため，熱センサーによって，感知する．もし，温度が所定のカーブよりも低(高)ければ，ニクロム線へ大きな(小さな)電流を流して制御する．これは炊飯器が自動的に行う．

(3) 炊飯器はもちろん，設定時刻がきたらスイッチが入るタイマーと，スイッチが入ってからの時間を計るタイマーが必要である．

問 1.2 略解：(a)の場合について，概略を示そう．

2章のコードは，チャンネル(放送局)の表現方法に利用できる．

3章の計算機ブロック図と命令，タイミングなどは，受信回路の制御に利用できる．

4章の計算機回路は，多くの受信回路の設計に利用できる．

5章は，ブラウン管の原理の理解に役立つ．

6章(3章)は，制御器として用いるMPのプログラム原理や方式に役立つ．

7章は今後の家庭用のネットワークなどに役立つ．今後テレビやラジオ(モーバイル簡易端末などとして利用)は家庭用のネットワークなどに接続して利用されるようになる．この基本原理などが理解できる．

問 1.3 略解：たとえば，以下などが考えられる．

(1) プログラミング言語のタイプと特徴，(2) チューリングマシンなどの計算原理，(3) アルゴリズムと計算複雑度，(4) オートマトンとコンパイラ，(5) 並列計算機とスーパーコンピュータの原理，(6) セキュリティ．

問 2.1 略解：(a) 54011, (b) 2008558

問 2.2 略解：(a) $(100111101)_2$, $(475)_8$, (b) $(100011010111)_2$, $(4327)_8$

168　　　　　　　　　　問 題 の 解 答

問 2.3　略解： $-32 \leq X \leq 31$, (a) $(011011)_2$, (b) $(101101)_2$
問 2.4　略解：(a) -21, (b) -112
問 2.5　略解：$(0.01010)_2$, 誤差 $(0.0045)_{10}$, $(0.242)_8$, 誤差 $(0.00059375)_{10}$
問 2.6　略解：(a) $(15.6875)_{10}$, (b) $(132.296875)_{10}$
問 2.7　略解：$(10001011.101101)_2$
問 2.8　略解：$-0.11111 \times 2^{31} \leq X \leq 0.11111 \times 2^{31}$
問 2.9　略解：(41) (53) (43) (49) (49)

問 3.1　以下の t_1, t_2 はおのおのクロックの立ち上がり時点を指す.

t_1：MAR へ入力されている制御信号（クロック信号）の立ち上がり信号により，SI_5 を通して MAR の入力へ届いていたメモリアドレスデータ（ad とする）を取り込み，メモリへ向けて出力する（命令の第1ワードを読み出すため）. 同様に，PC へ制御信号（インクリメント信号とクロック信号）が加えられ PC から第2ワードを読み出すためのアドレス (ad+1) が出される. このアドレス信号は $SO_2 \to BUS_1 \to SI_5$（または $SO_2 \to BUS_2 \to SI_5$）の経路を経て MAR の入力へ届くように，SO_2, SI_5 へその経路を信号が通過するように制御信号が与えられる（t_1 から t_2 までの期間与えられ続ける）.

t_2：メモリから読み出した命令の第1ワードデータが MDR の入力へ届いているので，これを MDR へ取り込んで出力するための制御信号（クロック信号）が加えられる（参考：このデータは，t_2 以後，$SO_4 \to BUS_1 \to SI_3$（または $SO_4 \to BUS_2 \to SI_3$）を経て IR へ送られる）. また，（命令の第2ワードを読み出すため）MAR の入力へ届いていたメモリアドレスデータ (ad+1) を取り込むため，MAR へ制御信号（クロック信号）が加えられる. これによって MAR からアドレスデータ (ad+1) がメモリへ向けて出力される. 一方，次の命令を読み出すためのアドレスデータ (ad+2) が PC から出るように PC へ制御信号（インクリメント信号とクロック信号）が加えられる.

問 3.2　略解：[例 3.1] (1) の中で $t_3 \sim t_6$ のサイクルの動作を示した. (4) が (1) と異なるのは，実効アドレス (EA) を求める計算が異なるだけである. すなわち，t_3 のサイクルの動作が異なるだけであるので，ここでは，このサイクルの動作を示す.

　t_3：MDR $\to SO_4 \to BUS_1$ (or BUS_2) $\to SI_6$ (or SI_7) $\to$ ALU
　　GR2 $\to SO_1 \to BUS_2$ (or BUS_1) $\to SI_7$ (or SI_6) $\to$ ALU, ALU $\to$ R

問 3.3　略解：ADD 命令の説明の中または表 3.1 の中で，$t_3 \sim t_7$ のタイミングと動作が示されている. 各 t_i サイクルに行われる動作は，t_i で開始し，t_{i+1} で終了することに注意しなさい. たとえば，t_4：MAR ← R で示される動作は，t_4 で R からデータが出て転送され，t_5 で終了する. すなわち t_5 以後，MAR からそのデータが出る. $t_3 \sim t_7$ のすべてのサイクルで使われるレジスタ類について，このような関係を図 3.4 に示したようなタイムチャートで示せばよい. ただし，t_3 のサイクルでは，実効アドレスの指定の仕方によって，データが異なるので，実効アドレスの指定の仕方を自分で一つ指定（仮定）して，その場合について示しなさい.

問題の解答   169

問 3.4 LEA GR3, 2, GR3

問 3.5 ALU が使われる場合は，各命令の説明（および表 3.1）の中のタイミングと動作において，動作の結果が R に残る場合である．したがって，以下に示す回路がおのおのの命令や動作で必要になる．なお，4 章を終えたあとでわかるが，以下に示す回路はすべて個別にあるのではなく，部分的に共有されるものもある．

加算回路：(EA の計算), ADD；減算回路：SUB；論理積：AND；論理和：OR；排他的論理和：EOR；比較演算：CPA, CPL；各種シフト回路：SLA, SRA, SLL, SRL；GR4−1 の演算回路：CALL 命令の t_3 サイクル動作；GR4+1 の演算回路：RET 命令の t_3 サイクル動作．

問 3.6 $t_0 \sim t_2$ のフェッチサイクルは普通の機械語命令と同じである．したがって，t_2 サイクルの終わり（t_3）では，第 2 ワード目が MDR へ読み出されていることに注意．

t_3：MAR ← PC, GR0 ← MDR（注意：PC からは t_2 以後に次に読むべき第 3 ワード目のアドレスが出ている）

t_4：MDR ← M, PC ← PC+1（注意：t_3 の立ち上がりのあとで IR の内容は解釈されるので，PC ← PC+1 は t_3 のタイミングでは実行できない）

問 3.7

```
        START
        LD      GR1, LAB1    ; GR1 へ LAB1 番地の内容を読み込む
        AND     GR1, LAB2    ; GR1 (LAB1 番地の内容) と LAB2 番地の内容の AND
        ST      GR1, ANS1    ; GR1 を ANS1 番地へ格納
        LD      GR1, LAB1    ; GR1 へ LAB1 番地の内容を読み込む
        OR      GR1, LAB2    ; GR1 (LAB1 番地の内容) と LAB2 番地の内容の OR
        ST      GR1, ANS2    ; GR1 を ANS2 番地へ格納
        LD      GR1, LAB1    ; GR1 へ LAB1 番地の内容を読み込む
        EOR     GR1, LAB2    ; GR1 (LAB1 番地の内容) と LAB2 番地の内容の EOR
        ST      GR1, ANS3    ; GR1 を ANS3 番地へ格納
        EXIT
LAB1    DC      #AB03        ; 数値は適当
LAB2    DC      #39CD        ; 数値は適当
ANS1    DS      1
ANS2    DS      1
ANS3    DS      1
        END
```

問 3.8

```
START
LD      GR0, LABA    ; GR0 へ LABA 番地の内容を読み込む
SUB     GR0, LABB    ; GR0 から LABB 番地の内容を引いて結果を GR0 に残す
JMI     LAB3
JZE     LAB2
JMP     LAB1
EXIT
END
```

問 3.9 以下のプログラムでは，GR1 をインデックスレジスタ，GR0 をロードおよび演算結果を残すレジスタとして使用している．演算の順番として，アドレスの一番大

きいデータから順に小さい方向へ向かって行っていることに注意しなさい．

```
 1          START
 2          LEA     GR1, 2              ; GR1 ← 2
 3   LOOP   LD      GR0, AD1, GR1       ; GR0 ← (AD1+(GR1))
 4          ADD     GR0, AD2, GR1       ; GR0 ← GR0+(AD2+(GR1))
 5          ST      GR0, AD3, GR1       ; (AD3+(GR1)) ← GR0
 6          LEA     GR1, -1, GR1        ; GR1 ← GR1-1
 7          JPZ     LOOP                ; FR が 0 または正ならば LOOP へ
 8          EXIT
 9   AD1    DC      123
10                  256
11                  432
12   AD2    DC      298
13                  673
14                  234
15   AD3    DS      3
16          END
```

問 3.10

```
 1          START
 2          LEA     GR1, 0              ; GR1 ← 0
 3          LEA     GR2, 7              ; GR2 ← 7
 4          IN      LET, LEN            ; 文字の読み込み
 5          LD      GR0, LET            ; 読み込んだ文字を GR0 へ移す
 6          SLL     GR0, 8              ; 左へ 8 桁論理シフト
 7          JPZ     LOOP                ; MSD が 1 か？
 8          LEA     GR1, 1, GR1         ; 1 ならば GR1 ← GR1+1
 9   LOOP   SLL     GR0, 1              ; 左 1 桁論理シフト
10          JPZ     STEP                ; MSD が 1 か？
11          LEA     GR1, 1, GR1         ; 1 ならば GR1 ← GR1+1
12   STEP   LEA     GR2, -1, GR2        ; GR2 ← GR2-1
13          JPZ     LOOP                ; 正, 零ならば LOOP へ
14          AND     GR1, C0001          ; GR1 の LSD が 1 かどうかをみるため AND をとる
15          JZE     ESTEP               ; 零(偶数)ならば ESTEP へ
16          OUT     ODD, LOUT           ; 奇数であることを表示
17          JMP     OWARI               ; OWARI へジャンプ
18   ESTEP  OUT     EVEN, LOUT          ; 偶数であることを表示
19   OWARI  EXIT
20   ODD    DC      '_ODD'              ; ODD の文
21   EVEN   DC      'EVEN'              ; EVEN の文
22   LOUT   DC      4                   ; 出力 4 文字
23   LET    DS      1                   ; 入力字用
24   LEN    DC      1                   ; 入力 1 文字
25   C0001  DC      #0001
26          END
```

問 3.11

[ソースプログラム]

```
 1   EX2    START   #4001
 2          LD      GR1, DATA1          DATA1 の内容を GR1 へ読み込む
 3          SUB     GR1, LAB2           GR1 の内容から LAB2 にある内容 (1000) を引く
 4          ST      GR1, LAB1           結果 (GR1 の内容) を LAB1 番地へ格納
 5          EXIT
```

問 題 の 解 答　　　*171*

```
6  DATA1   DC    #3210              DATA1 の値
7  LAB2    DC    1000               ラベル LAB2 に定数 1000 を格納
8  LAB1    DS    1                  LAB1 の領域を 1 ワード確保
9          END
```

[機械語プログラム]

```
メモリ番地      機械語                16進表現      コメント
#4001    0001 0001 0001 0000    (#1110)      以下の 2 行が行番号 2 の LD 命令
#4002    0100 0000 0000 1001    (#4009)      DATA1 のアドレスは #4009
#4003    0011 0010 0001 0000    (#3210)      以下の 2 行が行番号 3 の SUB 命令
#4004    0100 0000 0000 1010    (#400A)      LAB2 のアドレスは #400A
#4005    0001 0010 0001 0000    (#1210)      以下の 2 行が行番号 4 の ST 命令
#4006    0100 0000 0000 1011    (#400B)      LAB1 のアドレスは #400B
#4007    1010 0011 0000 0000    (#A300)      以下の 2 行が行番号 6 の EXIT 命令
#4008    0000 0000 0000 0000    (#0000)      EXIT 命令のオペランドは #0000
#4009    0011 0010 0001 0000    (#3210)      DATA1 の値 #3210
#400A    0000 0011 1110 1000    (#03E8)      値 1000 の値 #03E8
#400B    xxxx xxxx xxxx xxxx    (#xxxx)      LAB1 の格納領域
```

問 3.12 略解：おのおのの遷移については，そのサイクルがある命令を表 3.1 から選べばよい．

以下では，(a) $S_5 \to S_0$ の場合について示す((b) $S_7 \to S_1$ の場合は自分で検討しなさい)．

t_5 のサイクルが最後のサイクルであり，このあとに t_0 のサイクルへ移る命令である．このような命令は，表 3.1 より，RET 命令だけであり，この t_5 のサイクルで，PC ← MDR の動作ができるように制御信号が出されている．

問 4.1, 問 4.2, 問 4.3, 問 4.4 省略．

問 4.5 以下に変換を示す．法則名については自分で考えなさい．

$$x + \bar{x}y = [x(x+y)] + \bar{x}y = [xx + xy] + \bar{x}y = x + (xy + \bar{x}y) = x + (x + \bar{x})y$$
$$= x + 1y = x + y$$

問 4.6, 問 4.7 省略．

問 4.8 真理値表の 2^n 個のおのおのの行が，0 または 1 の論理値をとると考える

$$2^{2^n}$$

問 4.9 略解：f_2 のすべての主項：$A, \bar{B}\bar{C}$

カバーテーブル

	$\bar{A}\bar{B}\bar{C}$	$A\bar{B}\bar{C}$	$A\bar{B}C$	$AB\bar{C}$	ABC
A		1	1	1	1
$\bar{B}\bar{C}$	1	1			

二つの主項は必須項でもある．

問 4.10 略解：すべての主項は以下の 5 個となる．

$$x_2\bar{x}_3,\ \bar{x}_1x_2\bar{x}_4,\ \bar{x}_1x_3\bar{x}_4,\ \bar{x}_2x_3\bar{x}_4,\ x_1\bar{x}_2x_3$$

問 4.11 省略

問 4.12　略解：すべての主項は以下の 8 個となる．
$$\bar{x}_3\bar{x}_4,\ \bar{x}_1\bar{x}_2,\ x_1x_2,\ x_3x_4,\ x_1x_3,\ x_1\bar{x}_4,\ \bar{x}_2x_3,\ \bar{x}_2\bar{x}_4$$

問 4.13　略解：すべての主項は以下の 8 個となる
$$\overline{AD},\ AD,\ B\overline{CD},\ AB\overline{C},\ \overline{ABC},\ \overline{B}CD,\ \overline{A}BC,\ BCD$$

問 4.14　略解：すべての主項は以下の 4 個である．
$$\overline{D},\ \overline{A}C,\ BC,\ AB\quad 必須項：\overline{D},\ \overline{A}C,\ ミニマムカバーは 2 通り$$

問 4.15　略解：f の簡約形は以下である．
$$f=\overline{C}D+\overline{B}\overline{D}+\overline{A}C\overline{D}+ABD$$

問 4.16　略解：f の簡約形は以下である．
$$f=x_2x_3+\bar{x}_2\bar{x}_3\ \text{または}\ f=x_2x_3+\bar{x}_1\bar{x}_3$$

問 4.17　略解：問 4.14 の解答を参照

問 4.18　ヒント：図 4.13 より明らか

問 4.19　ヒント：4.4.1 項の b を参照

問 4.20, 問 4.21, 問 4.22, 問 4.23　省略．

問 4.24　ヒント：4 ビットの全加減算器では，キャリ出力も含めて出力が 5 ビットになることに注意．加減算のほかに AND, OR, NOT, XOR の四つの論理演算も可能なので，演算の種類は 6 個となる．したがって，これらの演算を指定するための制御情報に 3 ビット入力のデコーダが必要となる．おのおのの演算を指定するデコーダ出力によって，各変数を制御すれば，ほしい論理値が得られる．いまデコーダ出力を z とするとき，たとえば $c_i=0$ を与えたければ，信号線 c_i へ AND ゲートを挿入して，$\bar{z}$ を AND ゲートの一方の入力とすれば，AND ゲート出力は 0 となる（$c_i=0$）．$c_i=1$ を与えたければ OR ゲートを利用すればよい．各演算のときに，どの信号を出力として取り出すかを考えなければならない．これにはセレクタ回路が使用される．

問 4.25　ヒント：左右 3 ビットまでのシフトとシフトなしの七つの動作が必要である．すなわち，図 4.20 は，七つのシフト動作に対応する入力があり，それらの一つをデコーダで指定して，セレクタ回路によって選んで出力すればよい．

問 4.26　ヒント：前半は明らか（回路ブロックの途中の繰り返し回路は点線で省略してよい）．後半は，まず $k=2$ の場合を考えてみる．左右の 6 ビットまでのシフトができることがわかる．一般に k 段では，$3k$ ビットまでのシフトができることになる（シフトの指定はどのように与えられるかを考えてみるとおもしろい）．

問 4.27　図 4.22 に示すトライステートバッファを 6 個使用し，6 個の出力を接続（短絡）して出力とする．また 6 個の x 入力は 6 入力の入力とする．6 個のトライステートバッファの c 入力には，おのおのの 6 個のデコーダ出力を入れればよい．

問 4.28　略解：使用する ROM チップは 4 ビット幅出力であり，1 ワード 16 ビット幅であるので，ワードの幅方向（行方向とする）へ四つのチップを並べて同時に入出力する必要がある．また，一つの ROM チップは 256 K ワードであるので，4 M ワードのメモリとするためには，16 個のチップをアドレス数（ワード数）方向（列方向とする）

へ並べる必要がある．したがって合計 $4\times16=64$ 個のチップを使用する．アドレスの上位 4 ビットにより，列方向を指定し，下位 18 ビットはすべてのチップへ共通に入力する．

問 4.29 略解：上位アドレス 2 ビットを 00, 01, 10, 11 のいずれかに固定した連続する 2 個のアドレスをもつ領域を使用する．下位アドレス 16 ビットによって真理値表の $00\cdots0$ から $11\cdots1$ までの入力パターンとし，4 ビット出力の中の三つを使用して（一つの出力は未使用），関数値を割り当て PROM へ書き込めばよい．

問 4.30 $(AB)=(10),(01),(11)$ 入力のときは $(Q\bar{Q})$ の出力は前の状態に関係なく，おのおの $(Q\bar{Q})=(10),(01),(11)$ と決定する．ここで $(AB)=(11)$ 入力は対象にする必要はないが参考のために記してある．また，$(AB)=(10),(Q\bar{Q})=(10)$ で安定しているとき，$(AB)=(10)\to(00)$ と変えても，$(Q\bar{Q})=(10)$ のままである．さらに，$(AB)=(01),(Q\bar{Q})=(01)$ で安定しているとき，$(AB)=(01)\to(00)$ と変えても，$(Q\bar{Q})=(10)$ のままである．以上で，すべての入力に対する出力は調べられ，この動作は $(AB)=(SR)$ とする RS-FF である．

問 4.31 略解：$JK=01\to11\to10$ と遷移する場合は $(Q\bar{Q})=(01)\to(10)\to(10)$ と変化し，$JK=01\to00\to10$ と遷移する場合は $(Q\bar{Q})=(01)\to(01)\to(10)$ と変化する．したがって，安全な入力変化である．逆の遷移 $JK=10\to01$ についても同様に調べなさい．

問 4.32 ヒント：入力 (AB) は，2 ビットが同時に変化することはないと仮定して，問 4.30 の解答で示したように調査しなさい．

問 4.33 ヒント：T-FF は入力が T だけであるので，JK-FF の J, K 入力を接続（短絡）して 1 入力の FF として考えてみる．この 1 入力の FF が，T-FF の動作をするかを調査する．

問 4.34，問 4.35 省略．

問 4.36 C が $0\to1$ と上がり，$R=1, S=1$ と変わるまでには，$(Q\bar{Q})=(10)\to(01)\to(11)$ と変わる．このとき，G_1, G_2 の最終出力は $(G_1G_2)=(00)$ となっている．したがって，この状態で C が $1\to0$ と下がると，$(G_1G_2)=(00)\to(11)$ と変化しようとする．しかし，ゲート G_1, G_2 は実際には同時には動作しないので，どちらかの出力が先に変化する．いま，ゲート G_3, G_4 の動作速度がまったく同じであると仮定し，$G_1(G_2)$（以下括弧の内外同順）の方が先に変化して $(G_1G_2)=(00)\to(10)\to(11)((00)\to(01)\to(11))$ と変化したとすると，$(Q\bar{Q})=(11)\to(01)\to(01)((11)\to(10)\to(10))$ と遷移する．すなわち，G_1, G_2 の動作速度の違いにより，最終の安定状態が異なったものになる．いまは，G_3, G_4 の動作速度がまったく同じであると仮定したが，G_1, G_2 の動作速度がまったく同じで，G_3, G_4 の動作速度が異なる場合にも，似たような解析となる．さらに，G_1, G_2 および G_3, G_4 の両方の動作速度が異なる場合も，結局はどの遷移が速いかで似たような解析結果になる．結局，G_1, G_2 および G_3, G_4 の動作速度が異なる場合には，いつも同じ安定な状態に達する．しかし，G_1, G_2 および G_3, G_4 の動作速度がきわめてミクロ的

にみてもほとんど同じ場合には，何らかのちょっとの原因で，最終的な状態が異なることになる．

問 4.37 ヒント：クロック信号を 0, 1 と交互に変化させるとともに，J, K 入力にすべての場合を網羅するように各種の入力を与えて出力(状態)がどのようになるかを調査する．

問 4.38 ヒント：図 4.32 のマスタースレーブ形 JK-FF は，(G_3, G_4) 部分がマスター部，(G_7, G_8) 部分がスレーブ部の情報記憶部であることを参考にして調査しなさい．J 入力に NOT ゲートを接続し，その出力を K 入力へ接続して，J 入力を D-FF の D 入力にすれば，D-FF になりそうなことは明らかである．また，K(J) 入力を除いて，$G_2(G_1)$ ゲートを 2 入力ゲートとして用いて，J(K) 入力を D-FF の D 入力にすれば，D-FF になる可能性もある．これらについて動作を調査すれば明らかになってくる．

問 4.39 ヒント：X, Z, S を定めたあと，それらの関係より，遷移図を導く．
$X = \{\phi, x_{50}, x_{100}\}$，$\phi$：何も入力なし，$x_{50}$：50 円硬貨，$x_{100}$：100 円硬貨
$Z = \{\phi, z_B, z_{B+50}\}$，$\phi$：何も出さない，$z_B$：ビール，$z_{B+50}$：ビールとおつり 50 円
$S = \{s_0, s_{50}, s_{100}, s_{150}, s_{200}\}$，$s_i$：いままでに i 円入れられている状態，250 円入れられている状態は不要であることに注意．

問 4.40 ヒント：自動販売機関係はどれも状態遷移図で表せる．店舗などについて，商品の仕入れ，販売，在庫などの関係も状態遷移図で表せそうである．また，規則正しい生活をしているサラリーマンの 1 日のマクロ的な状態；畑や田んぼへ植える植物と収穫，肥料，天候なども，きわめて簡単にモデル化する(一般には境界がないほど多くの状態をもつが，有限なマクロ的な観点の状態を設定する)ことによって，状態遷移図で表せそうである．

問 4.41 ヒント：状態遷移表の中の変数の値が 1 か所でも異なるものは，異なる順序回路と考える．したがって，状態遷移表の中の各エントリに何通りがあるかを考え，すべてのエントリについての場合数を乗ずればよい．前半の解答：$4^8 \times 2^8 = 2^{24}$ 通り．

問 4.42 ヒント：[構成手順] および [例 4.15] にならって行えば構成できる．T_4 作成のための JK-FF の駆動条件の埋め込みに注意しなさい．

問 4.43 省略

問 4.44 ヒント：レジスタ類は，クロック入力のある D-FF とする．各 D-FF の D 入力へ，2 入力セレクタを挿入して考える．

問 4.45 ヒント：8 個の D-FF (シフトレジスタ) は左から右へ，$D_1, D_2, \cdots, D_8$ であるとする．このとき，$D_2, \cdots, D_7$ までの中間の FF の動作は，左右 1 ビットシフトと，左右 1 ビット巡回シフトとの動作は同じである．すなわち，これらの D-FF の入力へは 3 入力セレクタ回路が挿入される．一方，D_1 と D_8 の D-FF の入力へは 5 入力セレクタ回路が挿入される ($D_1(D_8)$ の右(左)シフトへは 0 が入ることに注意)．

問 4.46 ヒント：一般に n ビットの M 系列(ランダム)パターン発生器では，$2^n - 1$ 個のパターンが繰り返し現れる．

問 4.47 ヒント：6進リングカウンタであるので，真理値表の作成では，現在の $(Q_2Q_1Q_0)$ の値が5以外であるならば，$I=1(0)$（以下括弧の内外同順）のとき $(D_2D_1D_0)$ を一つ増加させれば（$(Q_2Q_1Q_0)$ と同じ値にすれば）よい．5のときは，$I=1(0)$ のとき $(D_2D_1D_0)$ は $0(5)$ にすればよい．

問 5.1, 問 5.2 参考書で調べなさい．

問 5.3 主記憶装置へアクセスが，プロセッサからと DMA 制御装置からとで同時に発生すること（衝突や競合などといわれる）が考えられ，どのように対処するかの問題がある．これらの解決策として，サイクルスチール方式やビジブル DMA 方式と呼ばれる方式がある．サイクルスチール方式は，プロセッサがアクセスしない期間だけ DMA 制御装置がアクセスする方式である．ビジブル DMA 方式は，DMA 制御装置がアクセスしている間はプロセッサは一時アクセスを止めて待つ方式である．

問 6.1 略解：以下に示すような緊急事態の発生などによる処理の多くが計算機の割り込み処理に似た処理形態となる．
(1) 医者（病院）へ救急患者が運ばれてきたとき
(2) 地震が発生したとき
(3) 読書などをしていたときに電話で呼び出されるとき

問 6.2 内部割り込み：オーバーフロー，特権命令違反（ユーザモードでシステム管理命令を使用），命令コード異常（存在しない命令の使用）

外部割り込み：入出力機器の要求と終了，タイマ（セットした時間が経過したとき），ハードウェア動作異常

問 6.3 略解：プロセス（ジョブ）の処理スケジューリングについての主な項目には以下のものが考えられる．

(a) 処理の中断を許すかどうか，(b) 優先度に応じて処理するかどうか，(c) 時間経過に関係あるかどうか．

さらに，いったん中断されたプロセスがどのように再開されるかについてのスケジューリングが考えられる．この場合にも，上記の (a), (b), (c) を考慮するか，さらには FIFO (First-In and First-Out) の順番で自分が再開される順番が回ってくるかなどの方式が考えられる．

スケジューリングを行うに当たって大切な要素の一つは，比較的簡単な処理で目的の動作（に近い動作）を行えることである．なぜなら，スケジューリング自体は非常によくても，それを実行するうえで時間を要するならば，本質的ではない処理に時間をとられてしまい，計算機としては効率が悪くなる（オーバヘッドが大きい）ためである．

問 6.4 プロセス P_i：データを生産し，かつ三つのバッファの中に空いているものがあるならば，それをその空いているバッファへ書き込む．もし，空いているバッファがなければ空くまで待つ．

プロセス P_3：三つのバッファの中にデータが書き込まれているものがあれば，そのデータを使用する（読み出す）．使用終えたらそのバッファが空である表示をする．

問 6.5 (a) 野球で打者が凡フライを打ったとき，2人の野手がお互いにぶつかり合うのを避けて見合わせて捕球できない状況は一種のデッドロックと考えられる．この場合に，お互いに相手が走ってきて危険と思うこと（と同時に相手が捕球すると思うこと）は，お互いに相手がその空間を使っていると思うこと（と同時に相手が捕球すると思うこと）である．すなわち，お互いにその空間を相手が使っていると思いこみ（と錯覚），お互いに待ち合う状況であり，一種のデッドロック状態になったと考えられる．

(b) 災害などが発生したとき，電話が接続しにくくなる．これは災害地へ電話する人が殺到して，最終まで電話回線が接続していないが，途中まで接続されている回線が多い状況である（実際には2者間での話は進行していない回線が多い）．そのような状況のため，電話しようとしても，回線が使われているかにみえ，使えない状況がある．すなわち，お互いに回線を待ちあっており（使っていないが一部専有しあっている），一種のデッドロック状態と考えられる．

問 6.6 参考書で調べなさい．

問 6.7 処理する前のもとのファイル F_0 と同じ内容のコピー F_p を別な記憶媒体（磁気ディスクや磁気テープなど）へ保存しておく．また，処理の進行とともにファイルへのすべての書き込み情報 M_{Io}（外部からの入力情報など）を，他の記憶媒体へ（磁気ディスクや磁気テープなど）へすべて保存しておく．もしファイルに障害が発生した場合には，ファイル F_0 があった位置へ F_p をロードし，F_p へ M_{Io} を書き込んで回復させる．

問 6.8 UNIX の本などを参考にしなさい．

問 6.9 教科書の 6.3.3 項の内容から考えなさい．

問 7.1 省略．

問 7.2 略解：インタフェースと思われるもの：異なる貨幣の換金，異なる言語への翻訳

プロトコルと思われるもの：暗号文による情報伝達，同一種族（国民，民族）の言語

問 7.3 略解：分割と組み立てに対応すること：自宅で使っていたパソコン本体，ディスプレイ，キーボードからなるパソコンシステムを従兄弟へ譲り届ける場合．ただし，宅急便で送るが，荷重制限から三つの要素を別々に梱包して別々の料金で送るとする．

結合と分解に対応すること：野球の試合を行うとき，各個人は試合中は一つのチームとして結合するが，試合終了後は，各個人として復帰する．このときの個人とチームの変換は結合と分解に相当する．

問 7.4 略解：(1) インターネット社会の中でも一般社会と同様に常識的なモラルを守ること（他人のデータを壊さない，盗まない，他人へ害を与えない）．(2) 情報には誤りがあるかもしれないということを考慮しておくこと（大切な情報は正しいことの保証

を得る必要がある).

問 7.5 略解：(1)高速に大量のデータが伝送できること．(2)高速に大量のデータを送受信できる端末があること．(3)誰にでも容易に使用できること．(4)料金が安いこと，など．

参考文献

1 計算機システム入門
1) 日経バイト編：最新パソコン技術体系 '95，日経 BP 社，1995．

2 数や記号の表現
1) 城戸健一，安部正人：電子計算機，森北出版，1995．
2) 宮内ミナミ，森本喜一郎：情報科学の基礎知識，昭晃堂，1998．
3) 岡田博美，六浦光一，大月一弘，山本　幹：コンピュータの基礎知識，昭晃堂，1995．
4) 芝山　潔：コンピュータアーキテクチャの基礎，近代科学社，1993．
5) 重井芳治：計算機工学基礎，近代科学社，1990．
6) 曽和将容：コンピュータ基礎工学，昭晃堂，1992．
7) 鈴木久喜：石井直宏，岩田　彰：基礎電子計算機，コロナ社，1988．
8) 内山明彦，平澤茂一：理工系のための計算機工学，昭晃堂，1990．

3 基本計算機の動作
1) M. M. L：はじめての CASL，工学社，1986．
2) 甘利直幸：COMET プログラミング，オーム社，1987．
3) 重井芳治：計算機工学基礎，近代科学社，1990．
4) 岩崎一彦，倉田　是，萩原吉宗：計算機構成論，昭晃堂，1994．
5) 鈴木久喜，石井直宏，岩田　彰：基礎電子計算機，コロナ社，1988．

5 外部記憶装置と入出力機器
1) 長谷部功：8.2 出力装置．新版情報処理ハンドブック (情報処理学会編)，pp. 295-300，オーム社，1995．
2) 亀山忠彦他：外部記憶装置．新版情報処理ハンドブック (情報処理学会編)，pp. 275-290，オーム社，1995．
3) 望月洋介：製品化が始まった多値フラッシュ・メモリー．日経マイクロデバイス，No. 149 (No. 11)，124-130，1997．

4) 舛岡富士雄編主任：メモリ LSI．電子情報通信ハンドブック（電子情報通信学会編），オーム社，1998．
5) 日経バイト編：最新パソコン技術体系'95，日経 BP 社，1995．
6) 浦　昭二，市川照久：情報処理システム［第2版］，サイエンス社，1998．

6　計算機ソフトウェアとオペレーティングシステム

1) 阿江　忠：計算機システム，オーム社，1987．
2) 羽山　博：入門 UNIX，アスキー，1990．
3) 鈴木則久編主任：オペレーティングシステム．新版情報処理ハンドブック（情報処理学会編），オーム社，1995．
4) 斎藤信男：ユーザーズ UNIX，岩波書店，1988．
5) 佐々木整：はじめての UNIX，秀和システムトレーディング，1993．
6) 曽和将容：コンピュータ基礎工学，昭晃堂，1992．

7　コンピュータネットワーク

1) 池田克夫：データ通信，昭晃堂，1993．
2) 白鳥則郎編主任：コンピュータネットワーク．新版情報処理ハンドブック（情報処理学会編），オーム社，1995．
3) 松原由高監修，マルチディア通信研究会編：ネットワーク OS 教科書入門編，アスキー，1993．
4) 松原由高監修，マルチディア通信研究会編：ネットワーク OS 教科書実践編，アスキー，1993．
5) 日経コミュニケーション他：企業ユーザのためのインターネット・ハンドブック，日経 BP 社，1994．
6) プロトコルハンドブック編集委員会編：新プロトコルハンドブック，朝日新聞社，1994．
7) 柴山　潔：コンピュータアーキテクチャの基礎，近代科学社，1993．
8) 竹下隆史，荒井　透，苅田幸雄：マスタリング TCP/IP 入門編，オーム社，1994．
9) 亀田壽夫編主任：オペレーティングシステム．情報処理ハンドブック（情報処理学会編），オーム社，1989．

索引

ア行

アーク 97
アクセス時間 108
アクティブマトリクス形 116
アスキー 25
アセンブラ 28
アセンブリ言語 28
アドレス 87
アナログ信号 13

一次的な記憶 92
1の補数 18, 80
インクジェット方式 118
インクリメンタ 81
インターネット 159
インタフェース 1, 157
インタフェース回路 85
インタプリタ形 129
インデックスレジスタ 35
インパクト方式 117

液晶ディスプレイ 116
枝 97
エッジトリガ方式 91
エディタ 127
エビスディックコード 25
エンコーダ 76
演算 5
演算回路 5
演算制御装置 3

応用層 156
応用プログラム 7, 8, 125
オートマトン 97

オーバヘッド 134
オーバーレイ 138
オブジェクトコード 28
オブジェクト指向形言語 128
オブジェクトプログラム 28
オプション 146
オープンリール形 112
オペランド 36
オペランド欄 47
オペレーティングシステム 8, 125
親プロセス 148
オンライン処理 133

カ行

下位アドレス 87
階層構造 155
階層的 143
解像度 116
回転円盤 110
外部(補助)記憶装置 107
回復機能 140
外部出力 95
外部入力 95
外部割り込み 134
開放形システム 166
カウンタ 105
書換え形 112
加減算器 81
加減乗除 5
仮数部 22
カセット式 112
画素 116
仮想記憶 109
仮想記憶方式 137

仮想ディスク 164
仮想プリンタ 164
カソード 115
カーネル 145
カバー 66
カバーテーブル 67
カルノー図表 68
完全定義関数 69
簡約形 65

記憶回路 58
記憶管理 125, 137
記憶装置 5
　──の階層 108
記憶素子 57
記憶容量 108
機械語 27
機械語プログラム 28
機械語命令 47
記号 12
木構造 140
擬似命令 47
記述形式 47
基数 15
奇数検査 52
機能メモリ 86
揮発性 86, 107
キーボード 118
基本ゲート 71
キャッシュ記憶装置 138
キャリルックアヘッド加算器 80
吸収則 61
行(列)アドレスバッファ 88
狭クロック方式 91

索 引

共通項　75
行(列)デコーダ　88
記録　109
禁止入力　70

組合せ回路　58
組み立て　158
クライアント　164
クライアント-サーバ形ネット
　　ワーク　165
クライアント-サーバ形ネット
　　ワークOS　165
クライアント用OS　164
グラフィカルユーザインタ
　　フェース　126
グリッド　116
クロック回路　31
クロックサイクル　31
クロック波形　31
クワイン・マクラスキー法　69

蛍光面　116
計数回路　105
系列　31
桁　12
結合　158
結合則　62
ゲームソフト　1
ゲームマシン　1
言語処理プログラム　129
言語プロセッサ　52

語　5
広域ネットワーク　154
交換則　61
固定小数点　22
コード　25
コード変換　25
子プロセス　148
コマンド　144
コマンドインタプリタ　144
コマンドプロセッサ　147
コメント　55
コンパクトディスク　113
コンピュータネットワーク
　　152

サ 行

最下位ビット　18
最簡形　65
サイクルタイム　108
最上位ビット　18
最小カバー　67
最小項　64
再生　109
再生専用形　112
最大項　64
サーチ時間　111
サーバ　163
サーバ用OS　163
サービスプログラム　126
サブルーチン　46
サブルーチン用命令　45
算術演算回路　29
3状態バッファ　86

シェル　144
しきい値関数　79
磁気記録　109
磁気コア　107
磁気ディスク装置　110
磁気テープ装置　111
シーク時間　111
シーケンシャルアクセス　108
シーケンス　31
次状態出力　95
指数部　22
システム記述言語　128
システムジェネレータ　127
システムプログラム　8, 125
磁性膜　109
実行アドレス　35
実行サイクル　56
実行状態　135
実行待ち状態　135
実時間処理　133
シフタ　84
シフトレジスタ　104
シミュレーション言語　128
ジャンプ　43
主加法標準形　64
主記憶　3
主記憶装置　109

主項　66
主乗法標準形　65
10進数　15
出力　95
出力関数　97
出力セレクタ　31
順序回路　57, 58
順序機械　97
商　15
上位アドレス　87
小数点　19
状態　55, 95
状態出力　95
状態遷移関数　97
状態遷移図　56, 97
状態遷移表　98
状態割当て　99
情報の局所性　109
剰余　15
ジョブ　131
ジョブクラス　132
処理プログラム　125
シリンダー　110
人工知能用言語　128
真理値表　60

垂直走査　116
水平走査　116
数式処理言語　128
スキャナー　119
図形処理言語　128
スケジューラ　148
スター形　154
スタック　44, 86
スタックポインタ　44
スタック用命令　43
スタンドアロン　161
スーパーバイザ　130
スーパーバイザコール　122
スピンドル　110
スループット　132
スレッド　134
スワッピング　138

正規化表現　24
制御回路　5, 30
制御ゲート　114

索 引

制御プログラム 130
生産者-消費者問題 136
積 60
積項 63
積和形回路 72
積和表現 63
セクタ 110, 142
セグメント分割 87
セッション層 156
接点 97
セット 89
セルアレイセグメント 87
セレクタ回路 77
セレクタチャネル 122
全加算器 79
線形 153
線形フィードバックシフトレジ
  スタ 105

相互排除問題 136
ソースコード 28
ソースプログラム 28
ソフト 1
ソフトウェア 7

タ 行

対等通信形ネットワーク 164
対等通信形ネットワーク OS
  164
タイマ 105
タイムスライス 132
タイムチャート 32
多出力組合せ回路 75
ターンアラウンドタイム 132
単純マトリクス形 116

蓄積プログラム方式 6
中央処理装置 5
中間コード生成形 129
中間ノード 140
注釈欄 47
直接変換形 129

追記形 112
通信装置 152
通信プロトコル 161
つつぬけ問題 91

停止状態 135
ディジタイザ 119
ディジタル 13
ディジタル回路 13
ディジット 13
ディレクトリ 140
デクリメンタ 81
デコーダ 77
テスト診断プログラム 127
データ 5, 12
データベース用 OS 166
データリンク層 156
手続き向き言語 128
デッドロック 136
デバイスドライバ 148
デバッガ 127
デマルチプレクサ 78
電極 116
電子 115
電子写真方式 117

同一則 61
同期式 105
同期式順序回路 95
同期制御 136
同期問題 136
透明性 166
特殊問題向き言語 128
ド・モルガンの定理 62
トライステートバッファ 86
トラック 110
トラックピッチ 112
トラップ 134
トランスポート層 156
ドントケア入力 70

ナ 行

内部状態 95
内部割り込み 134
7 単位 JIS コード 26
2 進 12
2 進化 10 進数 24
2 進数 15
2 相クロック方式 91
2 値 12
2 の補数 18, 80

ニブル転送メモリ 87
入出力管理 125, 142
入出力装置 5
入力 95
入力セレクタ 31
入力取込みの問題 91

熱転写方式 118
ネットワーク OS 126, 161
ネットワーク層 156

ノード 97
ノンインパクト方式 117

ハ 行

葉 140
ハイ(高)インピーダンス 86
配線プログラム方式 6
排他的論理和 62
バイト 142
バークレー版 BSD 143
パケット 156
バス 31, 92, 140
バス 1 54
バス 2 54
パスワード 145
パソコン 148, 149
パソコンシステム 3
8 単位 JIS コード 26
8 単位コード 26
バッチ処理 131
ハードウェア 7
ハードディスク 110
パリティ 79
パリティ検査 52
半加算器 79
半導体メモリ 107
汎用レジスタ 30

光ディスク装置 112
引数 146
必須項 67
ビット 12
ヒット率 139
否定 60
非同期式 105
非同期式順序回路 88, 95

索引

ファイル管理 125, 139
ファイルシステム 139
フィードバックループ 95
フェッチサイクル 6
不完全定義関数 70
不揮発性 86, 107
符号ビット 17
物理層 156
浮動小数点数 22
浮遊ゲート 114
ブラウザソフトウェア 129
フラグレジスタ 29
フラッシュメモリ 114
フリップフロップ 58, 88
プリンタ 117
ブール代数 59
ブール変数 56
フレキシブルディスク 111
プログラミング言語 128
プログラム 5
　——の局所性 139
プログラムカウンタ 30, 105
プログラム制御入出力方式 120
プロセス 132, 134
プロセス管理 125, 134
プロセススケジューリング 135
ブロック 111, 142
フロッピーディスク装置 111
プロトコル 158
プロンプト 145
分解 159
分割 158
分岐 43
分岐命令 43
分散 OS 126
分散処理 166
分散処理 OS 166
分配則 62

閉鎖形システム 166
ベイチ図表 67
並列処理 OS 126
べき等則 61
ページング方式 137
偏向コイル 115

ペン入力 119

ポインタ 141
保護機能 140

マ 行

マイコン 149
マウス 118
マークエッジ方式 113
マークポジション方式 113
マクロ命令 47
マシン 1
マシンサイクル 31
マスク ROM 86
マスタスレーブ方式 91
マルチウィンドウ 149
マルチタスク 150
マルチプレクサ回路 77
マルチプレクサチャネル 122
マルチプログラミング 131
マルチメディア OS 126

未定義組合せ入力 70
未定義入力 70
ミニマムカバー 67

命令 5
命令語 35
命令コード 35, 36
命令コード欄 47
命令実行サイクル 6
命令フェッチ 32
命令レジスタ 30
メモリ 30
メモリアドレスレジスタ 30
メモリ管理 137
メモリセルアレイ 87
メモリデータレジスタ 30
メモリマネージメント 148

文字 12
モニタ 130

ヤ 行

有限状態機械 97
ユーティリティプログラム 8, 127

読み出し専用のメモリ 86

ラ 行

ライブラリプログラム 128
ラッチ 31
ラベル 97
ラベル名 36
ラベル欄 36, 47
ランダムアクセス 108

リアルタイム処理 133
リセット 89
リップルカウンタ 105
リップルキャリ加算器 80
リモート処理 162
理論構造 7
リングカウンタ 101, 105
リング形 154
リンケージエディタ 127

ルータノード 164
ルート 140

レコード 110, 142
レーザビームプリンタ 117
レジスタ 29, 92
連想メモリ 86

ローカルエリアネットワーク 153
ローカル処理 162
ログアウト 145
ログイン 145
ローダ 127
ロールアウト 138
ロールイン 138
論理演算 5
論理演算回路 82
論理回路 13
論理関数 59
論理積 60
論理設計言語 128
論理変数 13, 56, 60
論理和 60

ワ 行

和 60

和項　63
和積形回路　73
和積表現　63
ワード　5, 87
割り込み処理　133
割り出し　134

欧文索引

AD変換　13
ALU　29
AND　60
AND-OR形　63
AND-OR形回路　72
ASCIIコード　25

Bシェル　147
BASIC　128
BCD　24

C　128
C++　128
CASL　47
CD　113
CD-R　113
CD-ROM　113
COBOL　128
COMET　27
CRTディスプレイ　115

DA変換　13
D-FF　89
DMA制御装置　121
DMA転送方式　120
don't care入力　70
DRAM　86

EBCDIC　25
EEPROM　86
E-IDE　123
EOR　62
EPROM　86
EXOR　62

FA　79
FF　88
FIFO　86, 135
FORTRAN　128

GUI　126

HA　79
HDL　128
HTML言語　129

ID　145

Java　128
JK-FF　89

LAN　153
Linux　150
Lisp　128
login　145
logout　145
LSB　18

M系列（ランダム）パターン発生
　器　105
Mac-OS　126
maxterm　64
Mealy形　97
minterm　64
MO　114
Moore形　97
Mosaic　166
MSB　18
MS-DOS　149
MULTUICS　143

NAND　61
NAND-NAND形回路　73
NAND形　114
NOR　61
NOR-NOR形回路　75
NOR形　114
NOT　60, 61

NSFnet　160

OCR　119
OR　60
OR-AND形回路　73
OS　125, 130
OSI基本参照モデル　155

password　145
PC　149
prime implicant　66
Prolog　128
PROM　86

r進数　15
RAM　86
ROM　86
RS-FF　89

SCSI　123
SRAM　86
System V　143

TCP/IP　160
T-FF　89
TSS　132

UNIX　140
up(down)カウンタ　105
USB　124

Verilog　128
VHDL　128
Visual Basic　128
Von Neumann　6

WAN　154
Web　129
Windows　150
Windows 95/98/NT　126
WWW　165

XOR　62

著者略歴

伊藤秀男（いとうひでお）
1946年　千葉県に生まれる
1969年　千葉大学工学部卒業
現　在　千葉大学工学部教授
　　　　工学博士

倉田是（くらたただし）
1931年　千葉県に生まれる
1953年　東北大学工学部卒業
現　在　千葉大学名誉教授
　　　　工学博士

入門 電気・電子工学シリーズ 8
入門計算機システム
定価はカバーに表示

2000年 3月 1日　初版第 1刷
2017年 2月25日　　　第12刷

著　者　伊　藤　秀　男
　　　　倉　田　　　是
発行者　朝　倉　誠　造
発行所　株式会社　朝　倉　書　店
　　　　東京都新宿区新小川町 6-29
　　　　郵便番号　162-8707
　　　　電　話　03 (3260) 0141
　　　　FAX　03 (3260) 0180
　　　　http://www.asakura.co.jp

〈検印省略〉

© 2000〈無断複写・転載を禁ず〉

平河工業社・渡辺製本

ISBN 978-4-254-22818-2　C3354

Printed in Japan

JCOPY　〈(社)出版者著作権管理機構 委託出版物〉

本書の無断複写は著作権法上での例外を除き禁じられています．複写される場合は，そのつど事前に，(社)出版者著作権管理機構（電話 03-3513-6969，FAX 03-3513-6979，e-mail: info@jcopy.or.jp）の許諾を得てください．

好評の事典・辞典・ハンドブック

物理データ事典	日本物理学会 編	B5判 600頁
現代物理学ハンドブック	鈴木増雄ほか 訳	A5判 448頁
物理学大事典	鈴木増雄ほか 編	B5判 896頁
統計物理学ハンドブック	鈴木増雄ほか 訳	A5判 608頁
素粒子物理学ハンドブック	山田作衛ほか 編	A5判 688頁
超伝導ハンドブック	福山秀敏ほか 編	A5判 328頁
化学測定の事典	梅澤喜夫 編	A5判 352頁
炭素の事典	伊与田正彦ほか 編	A5判 660頁
元素大百科事典	渡辺 正 監訳	B5判 712頁
ガラスの百科事典	作花済夫ほか 編	A5判 696頁
セラミックスの事典	山村 博ほか 監修	A5判 496頁
高分子分析ハンドブック	高分子分析研究懇談会 編	B5判 1268頁
エネルギーの事典	日本エネルギー学会 編	B5判 768頁
モータの事典	曽根 悟ほか 編	B5判 520頁
電子物性・材料の事典	森泉豊栄ほか 編	A5判 696頁
電子材料ハンドブック	木村忠正ほか 編	B5判 1012頁
計算力学ハンドブック	矢川元基ほか 編	B5判 680頁
コンクリート工学ハンドブック	小柳 洽ほか 編	B5判 1536頁
測量工学ハンドブック	村井俊治 編	B5判 544頁
建築設備ハンドブック	紀谷文樹ほか 編	B5判 948頁
建築大百科事典	長澤 泰ほか 編	B5判 720頁

価格・概要等は小社ホームページをご覧ください．